EINHEIT DES WISSENS
HERAUSGEGEBEN VON MAX BENSE

DER CHEMIKER ALS FORSCHER

DIE GRUNDLAGEN DES CHEMISCHEN WISSENS

VON

WALTER KWASNIK

2. AUFLAGE
MIT 43 ABBILDUNGEN
UND 8 TAFELN

MÜNCHEN UND BERLIN 1943
VERLAG VON R. OLDENBOURG

Inhaltsübersicht.

Gott gab uns die Nüsse,
aber er macht sie nicht auf!

J. W. v. Goethe.

Die Straßen des Chemikers, das sind die Arbeiten, mit denen er in unbekannte Gebiete
vordringt. Mag sein, daß viele dieser Straßen
niemals einen wirtschaftlichen Verkehr erleben werden. Aber ein guter Weg unter
zwölf gebahnten macht die Anlage aller bezahlt. Und kennen wir die Möglichkeiten,
die Forderungen der ferneren Zukunft?

R. Kuhn.

Der Mann der Wissenschaft, der etwas Neues
finden, der Künstler, der etwas Neues schaffen will, muß eigene Wege gehen.

A. Hock.

Gott gab uns die Nüsse,
aber er macht sie nicht auf!

J. W. v. Goethe.

Die Straßen des Chemikers, das sind die Arbeiten, mit denen er in unbekannte Gebiete vordringt. Mag sein, daß viele dieser Straßen niemals einen wirtschaftlichen Verkehr erleben werden. Aber ein guter Weg unter zwölf gebahnten macht die Anlage aller bezahlt. Und kennen wir die Möglichkeiten, die Forderungen der ferneren Zukunft?

R. Kuhn.

Der Mann der Wissenschaft, der etwas Neues finden, der Künstler, der etwas Neues schaffen will, muß eigene Wege gehen.

A. Hock.

Vorwort.

Die chemische Forschung ist im letzten Jahrzehnt durch bedeutsame technische Anwendungsmöglichkeiten stark in den Vordergrund des öffentlichen Interesses getreten. Die Erfindung des Bunas und der anderen neuen Kunststoffe z. B. hat die Aufmerksamkeit der Welt erneut auf den Chemiker gelenkt. Es erschienen zahlreiche populäre Bücher über chemische Probleme und das Leben bekannter Forscher, die „in romanhafter Gestaltung" und „schwungvollem pathetischem Ton" die chemische Forschung in den Mittelpunkt ihrer Betrachtungen stellen, dabei jedoch den Anforderungen des Wissens nicht genügen. Nur zu oft wurde so dem Leser ein verzerrtes Abbild von der chemischen Forschung vermittelt.

Dieses Buch versucht nun, dem Leser in sachlicher Form einen Einblick in die Arbeit des forschenden Chemikers zu gewähren. Es will kein Lehrbuch der Chemie sein; an solchen Werken, die zum Teil ganz ausgezeichnet sind, besteht gar kein Mangel. Auch war nicht beabsichtigt, ein Handbuch der Arbeitsmethoden, eine Art Rezeptbuch, dem Leser vorzulegen. Bei der Vielseitigkeit der chemischen Forschung und ihrem stetigen Fortschritt versteht es sich von selbst, daß das vorliegende Buch nicht allumfassend sein kann. Der Verfasser hat die ihm am wichtigsten erscheinenden Fundamente des chemischen Gedankenguts in einem logischen Aufbau (Element — Verbindung — Reaktion usw.) zusammengestellt und darin neben dem „Was" auch das „Wie" erläutert. Er war bemüht, durch möglichst viel Beispiele den Inhalt anschaulich zu gestalten. Im Gegensatz zu den chemischen Lehrbüchern, in denen meist die klassischen Beispiele herangezogen werden, hat der Verfasser bewußt aus der neuen und neusten Chemieliteratur Beispiele ausgewählt, um besonders von der Arbeit des modernen Chemikers ein Bild zu entwerfen.

Die neuzeitliche Chemie ist nicht mehr eine „Kochkunst", wie manche laboratoriumsfeindliche Philologen zu Beginn des vorigen Jahrhunders gedacht haben. Sie ist eine der geistreichsten der neueren Wissenschaften; ihre Experimente und Theorien vereinigen Kühnheit und Phantasie des Denkens. Das Buch verlangt daher etwas erhöhte Aufmerksamkeit vom Leser. Wer nur in gelangweilter Stunde nach einer unterhaltenden Ablenkung sucht, der lege es lieber ungelesen zur Seite, es würde ihn enttäuschen. Wenn dieses Buch den nach Bildung Strebenden in die Grundlagen des chemischen Wissens und in den Geist der chemischen Forschung einführt, dann, ist das Ziel, daß sich der Verfasser gesteckt hat, erreicht. In diesem Sinne übergibt er das Werk der Öffentlichkeit.

Dr.-Ing. Walter Kwasnik.

Vorbemerkungen zur zweiten Auflage.

Bereits 7 Monate nach Erscheinen der ersten Auflage hat mich der Verlag aufgefordert, die zweite Auflage vorzubereiten. Daraus kann ich wohl mit Genugtuung entnehmen, daß das Buch eine wirklich vorhandene Lücke im Schrifttum ausgefüllt und demnach das von mir gesteckte Ziel erreicht hat. Auch die reiche Anzahl an Buchbesprechungen bestätigte mir dies. Zwei ausländische Verlage haben außerdem das Übersetzerrecht in die italienische und ungarische Sprache erworben. Ich hege daher keinerlei Bedenken, mit der zweiten Auflage erneut vor die Öffentlichkeit zu treten.

Sehr aufmerksam habe ich die Buchbesprechungen in den Fachzeitschriften verfolgt, weil ich vermutete, daraus Anregungen für die spätere Ausgestaltung des Buches und Hinweise auf Mängel zu erhalten. Darin wurden meine Hoffnungen leider nicht ganz erfüllt. Dafür gingen mir aber mehrere wertvolle Anregungen schriftlich oder mündlich aus dem Leserkreis zu. Besonders erwähnen möchte ich hierunter die mir von den Herren Prof. Dr. H. G. Grimm, Dießen am Ammersee und Dr. K. Rast, Merseburg, gemachten Vorschläge. Allen Einsendern bin ich zu großem Dank verbunden und verknüpfe mit dieser Dankespflicht die Bitte, mir auch weiterhin ihre wohlwollende Kritik zuteilwerden zu lassen.

Die zweite Auflage unterscheidet sich von der ersten nicht wesentlich. Einige Druckfehler, die mir erst nach Erscheinen des Buches aufgefallen sind, wurden richtiggestellt, einzelne Abschnitte dem Fortschritt der Wissenschaft und den Anregungen aus dem Leserkreis folgend, überarbeitet. Mehrere wertvolle Vorschläge konnte ich leider nicht berücksichtigen, weil dem Buch durch die Buchreihe „Einheit des Wissens", in der es erscheint, ein äußerer Rahmen gesteckt ist.

Möge auch die zweite Auflage des Buches zahlreiche Leser in den Geist der chemischen Forschung einführen und Ihnen Verständnis für die chemische Forschungsarbeit vermitteln!

Der Verfasser.

Einleitung.

Die Natur erscheint uns als eine unendliche Kette von Rätseln und Wundern. Sie zu erforschen und zu ergründen ist die vornehmste Aufgabe, die sich die denkenden Naturfreunde aller Zeiten zu stellen vermochten. Die Erkenntnisse, die wir durch die Forschung im Laufe der Jahrhunderte gewonnen haben, sind unterdessen so umfangreich geworden, daß ein Mensch allein sie nicht mehr beherrschen kann. Auch ist die Anzahl der neuen Probleme, die sich aus der Forschungsarbeit ergeben haben, so ungeheuer gestiegen, daß eine Arbeitsteilung notwendig geworden ist. So hat sich aus Zweckmäßigkeitsgründen eine Gliederung der Arbeitsgebiete herausgebildet.

Die einzelnen Zweige der naturwissenschaftlichen Forschung sind nur nach bestimmten Übereinkünften abgegrenzte Arbeitsgebiete. Die Naturwissenschaften (Chemie, Physik, Geologie, Mineralogie, Botanik, Zoologie, Astronomie usw.) stehen miteinander nicht im Widerspruch. Sie ergänzen sich vielmehr gegenseitig sehr sinnvoll und arbeiten Hand in Hand zur Ergründung der uns umgebenden Natur. Während die Naturgeschichte die Natur nur in ihrem normalen Gang beobachtet, tritt bei der Naturlehre (Chemie, Physik, experimentelle Biologie) als wichtigster Faktor das Experiment dazu. Durch Experimente veranlaßt man die Natur, den bestehenden Naturgesetzen zwangsweise zu folgen, und stellt auf diese

Weise die Gesetzmäßigkeiten fest, nach denen die Natur aufgebaut ist und sich zu verändern pflegt. Je mehr wohldurchdachte Experimente angestellt werden, desto klarer und sicherer sind die Erkenntnisse, die daraus gewonnen werden.

Die Chemie bildet innerhalb der Naturwissenschaften das Teilgebiet, das sich mit dem Stoff beschäftigt. Die Lehre vom Stoff ist die Chemie. Sie umfaßt alle die Erscheinungen, bei denen sich die Zusammensetzung der Stoffe verändert, indem z. B. sich ein Stoff (bzw. mehrere durch Wechselwirkung) in ganz neue Stoffe mit anderen Eigenschaften umwandelt. Die Physik hingegen ist die Lehre am Stoff. Sie beschreibt alle Erscheinungen, besonders Bewegungserscheinungen, bei denen die Zusammensetzung des Stoffes unverändert bleibt, z. B. die Energie in ihren verschiedenen Erscheinungsformen und deren gegenseitige Umwandlung.

Ohne auf die in den chemischen Lehrbüchern enthaltenen Einzelheiten eingehen zu müssen, will nun das Buch, wie im Vorwort angedeutet, ein Bild vom chemischen Wissen entwerfen und gleichzeitig die Methodik des Forschens zeigen.

Die angehenden Chemiker, Chemotechniker und Laboranten lernen bekanntlich an den Universitäten, technischen Hochschulen, Chemieschulen oder dem Technikum in den ersten Semestern die Grundlagen der Chemie kennen. Sie werden auch mit den Arbeitsmethoden (präparative Darstellungsverfahren, Analysenmethoden) theoretisch und praktisch vertraut gemacht. An den Schulen, die nicht Hochschulen sind, endet die Ausbildung nach diesem Lehrgang. An den Hochschulen hingegen wird nun der Chemiestudent im Rahmen seiner Diplom- und

Doktorarbeit mit den Forschungsmethoden bekannt gemacht, die der Chemiker anwendet, wenn er in unbekanntes Gebiet vorstößt. In der darauffolgenden Assistentenzeit eignet sich der junge Chemiker besondere Geläufigkeit und Sicherheit im selbständigen Forschen an. In diese vorwiegend an den Hochschulen und Forschungsinstituten gepflegten Forschungsarbeiten soll dem Leser ein Einblick vermittelt werden.

Vom Wesen der chemischen Forschung.

Bezeichnungen wie Atom, Molekül, Verbindung, Komplexsalz, Säure, Base sind Begriffe, die der Chemiker von heute mit einer Selbstverständlichkeit in sein Fachwissen aufgenommen hat. Eine Unzahl von chemischen Verbindungen (man kennt zur Zeit etwa 80000 anorganische und mehrere hunderttausend organische) sind im Laufe der Geschichte hergestellt und studiert worden. Erscheinungen wie Radioaktivität, Hydrolyse und Polymerisation hat man festgestellt. Alle diese Erkenntnisse sind dem forschenden Chemiker in der Regel nicht durch Zufall in den Schoß gefallen. Auch die wenigsten praktisch auswertbaren Erkenntnisse, die wir Erfindungen nennen, sind durch Zufall unser eigen geworden. Vielmehr haben sich die Chemiker durch systematische Forschungsarbeit das Wissen erarbeitet, über das wir heute verfügen. Die Systematik ist die grundlegende Form der Forschungsarbeit. In ihr offenbart sich der Geist des Wissens. Dies gilt nicht nur für den Chemiker, sondern für den Forscher überhaupt. Würde ein Arbeitsgebiet nicht systematisch abgetastet werden, so würden uns viele Erkenntnisse entgehen. Wenn auch der praktische Wert mancher Forschung fürs erste fraglich erscheint, tragen doch sämtliche Erkenntnisse dazu bei, die Gesetzmäßigkeiten aufzudecken, die in der Natur verankert sind. Diese wieder weisen uns neue Wege zur Auffindung von weiteren Gesetzmäßigkeiten. Es kommt also darauf an, aus dem zusammengetragenen Wissensmaterial durch Sichtung und Ordnung die einheitliche Linie (Gesetz, Gleichung, Definition) herauszuschälen, irrtümliche Beobachtungen auszuscheiden, gleichartige zusammenzufassen usw.

Ein Blick in die Geschichte der Chemie zeigt, daß manche irrtümliche Auffassung bestanden hat, ja vermutlich auch heute noch manche „Erkenntnis" für richtig gehalten wird, die nicht den Tatsachen entspricht. Der Irrtum ist eine Schwäche des Menschen. Damit rechnet auch jeder Forscher und ist bemüht, durch möglichst vorurteilsfreies Denken und strenge Selbstkritik die Wahrheit zu ergründen. Treten in der Naturwissenschaft Widersprüche auf, so ist dies ein sicheres Zeichen dafür, daß einer von den Forschern einem Irrtum erlegen ist. Der Drang nach Wahrheit treibt dann die Forscher dazu an, durch gründliches Experimentieren und intensives Nachdenken den Irrtum aufzudecken bzw. den Widerspruch zu klären. Die Liebe zur Wahrheit und das Streben nach Wissen um die Natur diktieren dem Forscher sein Arbeitsprogramm.

Die chemische Forschung ist auf Erfahrung begründet. Sie schöpft wie alle Zweige der Naturwissenschaft ihre Kenntnisse aus der Wirklichkeit, und ihr Ziel ist wiederum Wirklichkeit. Von den drei Quellen des menschlichen Wissens: Autorität, Spekulation und Erfahrung benutzt also die Chemie nur die letztere. Während bei der Theologie die Autorität von Personen und Schriftwerken bis heute als Hauptquelle gilt, ist diese für die chemische Forschung nicht nur wertlos, sondern sogar von schädigendem und hinderndem Einfluß, wie dies aus der Geschichte der Alchemie und der Chemie

hervorgeht. Die Kirchenväter z. B. zogen, im unbeirr-
ten Vertrauen auf die Autorität der Bibel, Schlüsse über
die Form und stoffliche Grundlage der Erde (ferner über
die Stellung der Erde zum Weltall), die nach unserem
heutigen Wissen als gänzlich falsch zu bezeichnen sind.
Die Spekulation, d. h. die Forschung mittels des Denkens
ohne Zuhilfenahme der Erfahrung, hat zwar in der
Mathematik unleugbare Erfolge erzielt, für die Chemie
ist sie jedoch unfruchtbar. Zur Übersicht, Ordnung und
Einteilung sowie zum leichteren Verständnis hat man für
die gewonnenen Erkenntnisse Vorstellungshilfen (Theorien, Formeln, Modelle) verwendet. Diese stellen aber
nur Symbole dar, die bei ständiger Kontrolle durch die
Wirklichkeit ihren Wert behaupten müssen. Ihre Lei-
stungsfähigkeit hängt davon ab, ob sie sich mit den neuen
und neuesten experimentellen Ergebnissen in Einklang
bringen lassen. Sie sind aber nur Hilfen, die uns in der
Forschung vorwärts helfen sollen, niemals Selbstzweck.

Was bei der chemischen Forschung ganz außer Betracht bleibt, ist die von den Philosophen aufgeworfene
Frage, ob das aus unseren Sinneswahrnehmungen er-
worbene Wissen auch etwas real Existierendes ist, ob
nicht etwa nur die Empfindungen selbst das allein Vorhandene sind. Derartige Erwägungen sind für den Chemiker gegenstandslos. Die Geschichte der chemischen
Forschung lehrt jedenfalls, daß die großen Entdecker
nicht auf Grund philosophischer Erkenntniszweifel,
sondern unter selbstverständlicher Annahme einer realen
Wirklichkeit ihre großen Erfolge errungen haben.

Das materielle Ziel der chemischen Forschung war
im Laufe der Geschichte nicht immer das gleiche. Zur
Zeit der Alchemisten galt die Herstellung von Gold aus

verschiedenen anderen Stoffen als der „Stein der Weisen".
Das Problem, Elemente in andere zu verwandeln, ist seit
der Entdeckung der künstlichen Radioaktivität (Curie,
Joliot, 1934) im Prinzip als gelöst zu betrachten. Nach
dem Ende der alchemistischen Zeit, als die systematische
wissenschaftliche Forschung auch auf chemischem Gebiet
einsetzte, hat man aber ein anderes materielles Ziel höher
schätzen gelernt. Man hat eingesehen, daß das Gold nicht
das unumgänglich Notwendige des menschlichen Lebens
ist, daß die Chemie dagegen viel wertvollere Produkte
hervorbringen kann, die besonders in praktischer und
kultureller Hinsicht das Gold weit übertreffen. So ist
z. B. die Schaffung von Leichtmetallen, die Synthese von
Treibstoffen, die Herstellung von künstlichen Arznei-
mitteln u. a. m. eines der vielen materiellen Ziele, die die
chemische Forschung bis zum heutigen Tag noch verfolgt.

Das Studium der Gesetzmäßigkeiten hat zu der folgen-
schweren Erkenntnis geführt, daß man Stoffe synthetisieren kann, die die Natur selbst nicht herstellt. Dadurch
hat sich für den Chemiker ein Zeitalter erschlossen, in
dem die Anzahl neuer chemischer Körper fast ins Unendliche gesteigert wurde. In diesem Zeitalter lebt die
Chemie noch jetzt.

Die chemische Forschung ist trotz ihrer systematischen
Arbeitsweise nicht etwa gleichförmig und eintönig. Der
erfolgreiche chemische Forscher muß vielmehr geistig
sehr rege und beweglich sein. Er muß sich entsprechend
der Problemstellung schnell dem Stoff anpassen, denn
die Natur gibt im Experiment nur klare Antworten, wenn
sie vernünftig befragt wird. Zu dieser Anpassungs-
fähigkeit ist die Voraussetzung erforderlich, daß der
Forscher sich in die Problemstellung seelisch einfühlt.

Er bedarf wie der neuschaffende Künstler der Intuition. Seine Arbeit ist daher ein Teil seiner Persönlichkeit. Mit dieser Liebe zur Sache muß eng verknüpft sein eine bewundernswerte Geduld und der unerschütterliche Glaube an den Erfolg, trotz aller Fehlschläge und Hindernisse. Wer nicht von vornherein eine überaus große Liebe zur Chemie besitzt, wage sich lieber nicht an die chemische Forschung heran; er würde nach kurzer Zeit den Mut verlieren und den harten Kampf mit der Materie nicht bestehen. So stellt die Forschungsarbeit auch an die Gesinnung des Experimentators einige Anforderungen. Konservative Denkweise und Hang zu Tradition dürften dem Forscher wenig förderlich sein. Der mit Forschung sich befassende Chemiker muß von fortschrittlichem Geist beseelt sein; in dem Streben nach wahren und klaren Erkenntnissen um die Natur muß er fähig sein, jahrelang verfochtene Grundsätze und Ansichten aufzugeben bzw. zu revidieren. Alle Fortschritte der Wissenschaft und Technik muß er aufmerksam verfolgen, um sie gegebenenfalls für seine Arbeit verwerten zu können. Je vorurteilsfreier und kritischer er an seine Probleme herantritt, desto sicherer wird sein Mühen von Erfolg gekrönt sein.

Materie, Energie und Leben.

Die unterste Grundlage der Chemie ist, wie bei den Naturwissenschaften überhaupt, noch völlig unbekannt. Man kann in der Chemie nicht wie z. B. in der Mathematik von wenigen Voraussetzungen ausgehend das ganze Wissensgebäude aufbauen. Vielmehr muß man von den uns am nächsten liegenden Beobachtungen allmählich in die Tiefe eindringen. Der letzte Urgrund wird uns aber vor allem deswegen ungeklärt bleiben, weil wir nur das Wohin, nicht aber das Woher beobachtend verfolgen können. So erscheinen uns Grundbegriffe wie Materie, Energie und Leben als ursprüngliche Tatsachen, die wir als gegeben hinnehmen müssen, ohne ihre Herkunft erklären zu können.

Daß die Chemie die Lehre vom Stoff (Materie) und die Physik die Lehre am Stoff (Energie) ist, haben wir in der Einleitung erfahren. Der Welt der Materie steht also die Welt der Energie gegenüber. Was ist nun Materie? „Was Ausdehnung, Gewicht und Trägheit besitzt, ist Materie", besagt eine grundlegende Definition. Und was ist Energie? „Energie ist die Fähigkeit, Arbeit zu leisten." In diesen Begriffen Materie und Energie liegt also die vereinbarte Grenze zwischen Chemie und Physik. Und doch ist diese Trennschicht nur konventionell, denn Materie tritt nie frei von Energie auf, und ihre Eigenschaften lassen sich nur durch ihr Verhalten gegenüber verschiedenen Energiearten wie

2*

Wärme, Licht, Elektrizität usw. charakterisieren. Wie
wir noch später erfahren werden, ist alle Materie aufgebaut aus Atomen und diese aus positiven und negativen elektrischen Einheiten. Die Untersuchungen von
Planck und anderen haben indessen ergeben, daß auch
die Energie nicht in beliebig kleinen Mengen auftritt,
sondern daß auch sie atomistisch aufgebaut ist. Energie
und Materie weisen somit letzten Endes gleiche Struktur
auf. Die Materie erscheint uns im Vergleich zur Energie
nur als eine besondere, und zwar äußerst dichte Anord-
nungsform der elektrischen Energie. Da uns das Wesen
dieser unbekannt ist, muß uns auch das innerste Wesen
der Materie verborgen bleiben.

Materie läßt sich in Energie und Energie in Materie
umwandeln. Dies ist einwandfrei erwiesen. Gibt z. B.
ein Stoff Energie (Licht, Wärme) ab, so ist auch ein entsprechender Masseverlust damit verbunden. Dieser ist
aber äußerst gering. Demzufolge muß der Energieinhalt der Materie außerordentlich groß sein. Um ihn
größenordnungsmäßig anzuführen, sei folgendes Beispiel genannt: 1 g Eisen liefert, wenn es restlos in Energie
umgewandelt würde, soviel Energie, wie beim Verbrennen
von ca. 3000 t Kohlen entsteht.

Das zweite Teilgebiet der Naturlehre, das mit der
Chemie ebenfalls in enger Fühlung steht, ist die Biologie,
die Lehre von den Lebensvorgängen. Auch hier scheint
es so, als wenn man einen scharfen und sachlich begrün-
deten Trennungsstrich nicht ziehen könnte, denn der
Lebensvorgang kann sich nur in chemischen Stoffen
(z. B. im Protoplasma) abspielen, das Lebewesen anderseits ist befähigt, chemische Körper zu synthetisieren
(z. B. Zucker durch die Zuckerrübe, Eiweiß durch den

tierischen Organismus) oder abzubauen (z. B. durch die Verdauung). Und doch besitzt das Leben charakteristische Merkmale, die man mit der Materie vorläufig nicht auf einen gemeinsamen Nenner bringen kann. Das Lebewesen zeichnet sich durch folgende Kriterien aus: Es besitzt die Fähigkeit zu wachsen, sich zu vermehren, sich durch Stoffwechsel zu erhalten, eine bestimmte Gestalt anzunehmen, auf Reize zu reagieren und sterben zu können. Nur wenn alle sechs Eigenschaften beisammen sind, kann man von „Leben" sprechen. Einzelne dieser Eigenschaften kommen nämlich auch der toten Materie zu. So z. B. besitzt der Alaun die Fähigkeit, eine ihm charakteristische Gestalt anzunehmen (Alaunkristall) und zu wachsen (Wachstum von Alaunkristallen in einer übersättigten Lösung). Dem Element Selen kommt die Fähigkeit zu, auf Reize zu reagieren (bei Belichtung verändert es die elektrische Leitfähigkeit). Der Ursprung und das Wesen des Lebens ist uns wie das der Materie und Energie noch völlig unklar.

So eng wie Materie, Energie und Leben miteinander verknüpft sind, so eng arbeiten auch chemische, physikalische und biologische Forschung zusammen. Deshalb kann uns nicht wundernehmen, daß zur Erforschung chemischer Probleme zahlreiche physikalische Methoden (z. B. Röntgenspektroskopie, Magnetochemie) und biologische Arbeitsweisen (z. B. Gehaltsbestimmung von Hormonen durch Messung der Wirksamkeit auf Organe) herangezogen werden.

I. Hauptteil: Element.

Der Begriff des Elements.

Die uns umgebende Natur besteht aus Individuen, die sich bei energischer Einwirkung von physikalischen und chemischen Kräften in einfachere Bestandteile zerlegen lassen. Führt man den Zerlegungsprozeß möglichst weitgehend durch, so gelangt man schließlich zu Stoffen, die mit Hilfe chemischer Agenzien, elektrolytischer Vorgänge und hoher Temperaturen nicht mehr zerlegbar sind. Diese Grundstoffe nennt man Elemente. Unter einem Element versteht man demnach einen Stoff, der durch kein chemisches Verfahren in ungleichartige Bestandteile zerlegt werden kann. Der denkbar kleinste Teil eines Elements heißt Atom (vom griechischen $\alpha\tau o\mu o\varsigma$ = unteilbar). Die Einzelatome kann man sich ähnlich aufgebaut vorstellen wie ein Planetensystem. Sie bestehen aus einem Massenkern, um den in wohldefinierten Bahnen, ähnlich den Planeten des Himmelssystems elektrisch negativ geladene Teilchen, Elektronen, kreisen. Der Massenkern wiederum ist aus elektrisch positiv geladenen Partikeln zusammengesetzt, die wir Protonen nennen. Der Atomkern eines jeden Elements hat eine bestimmte Anzahl von Protonen, so z. B. der Kern des Wasserstoffatoms 1, der des Heliums 2, der des Lithiums 3 usw. Diese Zahl nennen wir die Kernladungszahl eines Elements. Im Hinblick auf die Protonen kann man daher den Begriff des Elements auch folgendermaßen definieren: **Ein Element ist ein Stoff, dessen sämtliche Atome die gleiche Kernladung haben.** Soviel Protonen im Kern eines Elements vorhanden sind, soviel Elektronen kreisen um ihn herum. Positive und negative elektrische Ladung halten sich also das Gleichgewicht, so daß das Atom nach außen hin elektrisch neutral erscheint.

Der Vergleich des Atomaufbaus mit einem Planetensystem (Rutherfort, 1911, und andere) ist für das Verständnis der chemischen Funktionen vorzüglich geeignet. Deshalb soll auf diesen Vergleich näher eingegangen werden, obwohl man heute weiß, daß diese Gegenüberstellung nur bis zu einem gewissen Grade richtig ist. Wie ein Atom in Wirklichkeit aussieht, kann mit Sicherheit nicht angegeben werden, denn man kann ja ein Atom nicht beobachten, sondern nur seine Spaltprodukte (wie Protonen und Elektronen) messend verfolgen und daraus Rückschlüsse auf den vermutlichen Bau des Atoms ziehen. Alle bisher entwickelten Atomtheorien sind in erster Linie Vorstellungshilfen.

Die Griechen teilten die Natur in vier Elemente ein, nämlich Feuer, Wasser, Luft und Erde (Empedokles, 450 v. Chr.). Diese Einteilung ist unlogisch und oberflächlich, denn das Feuer ist ein chemischer Prozeß, das Wasser eine chemische Verbindung, die Luft ein Gemisch gasförmiger Elemente und die Erde, wie man leicht feststellen kann, ein kompliziertes Gemenge von den verschiedenartigsten Substanzen. Heute kennen wir 88 Elemente und wissen, daß noch 4 weitere existieren, die allerdings noch nicht isoliert werden konnten. Die Namen der Elemente und ihre chemischen Symbole sind in der Zahlentafel 1 dem Alphabet nach geordnet angeführt.

Zahlentafel 1. Verzeichnis der Elemente.

	Symbol	Ordnungszahl	Atomgewicht		Symbol	Ordnungszahl	Atomgewicht
Aktinium....	Ac	89	227 (?)	Niob.......	Nb	41	92,91
Aluminium ..	Al	13	26,97	Osmium....	Os	76	190,2
Antimon	Sb	51	121,76	Palladium...	Pd	46	106,7
Argon	Ar	18	39,944	Phosphor ...	P	15	31,02
Arsen.......	As	33	74,91	Platin......	Pt	78	195,23
Barium......	Ba	56	137,36	Polonium ...	Po	84	210 (?)
Beryllium ...	Be	4	9,02	Praseodym..	Pr	59	140,92
Blei	Pb	82	207,21	Protaktinium	Pa	91	231
Bor	B	5	10,82	Quecksilber .	Hg	80	200,61
Brom	Br	35	79,916	Radium	Ra	88	226,05
Chlor	Cl	17	35,457	Radon	Rn	86	222
Chrom	Cr	24	52,01	Rhenium ...	Re	75	186,31
Dysprosium..	Dy	66	162,46	Rhodium ...	Rh	45	102,91
Eisen	Fe	26	55,84	Rubidium...	Rb	37	85,48
Erbium	Er	68	167,2	Ruthenium..	Ru	44	101,7
Europium ...	Eu	63	152,0	Samarium...	Sm	62	150,43
Fluor	F	9	19,000	Sauerstoff...	O	8	16,0000
Gadolinium..	Gd	64	156,9	Schwefel....	S	16	32,06
Gallium.....	Ga	31	69,72	Selen	Se	34	78,96
Germanium..	Ge	32	72,60	Silber	Ag	47	107,880
Gold	Au	79	197,2	Silizium	Si	14	28,06
Hafnium	Hf	72	178,6	Skandium...	Sc	21	45,10
Helium	He	2	4,003	Stickstoff ...	N	7	14,008
Holmium....	Ho	67	163,5	Strontium...	Sr	38	87,63
Illinium	—	61	—	Tantal	Ta	73	180,88
Indium..'....	In	49	114,76	Tellur......	Te	52	127,61
Iridium	Ir	77	193,1	Terbium ...	Tb	65	159,2
Jod	J	53	126,92	Thallium ...	Tl	81	204,39
Kadmium ...	Cd	48	112,41	Thorium ...	Th	90	232,12
Kalium	K	19	39,096	Thulium....	Tm	69	169,4
Kalzium	Ca	20	40,08	Titan	Ti	22	47,90
Kassiopeium .	Cp	71	175,0	Uran	U	92	238,07
Kobalt......	Co	27	58,94	Vanadium ..	V	23	50,95
Kohlenstoff..	C	6	12,010	Wasserstoff .	H	1	1,0081
Krypton	Kr	36	83,7	Wismut	Bi	83	209,00
Kupfer......	Cu	29	63,57	Wolfram ...	W	74	183,92
Lanthan.....	La	57	138,92	Xenon	X	54	131,3
Lithium	Li	3	6,940	Ytterbium ..	Yb	70	173,04
Magnesium ..	Mg	12	24,32	Yttrium ...	Y	39	88,92
Mangan.....	Mn	25	54,93	Zäsium	Cs	55	132,91
Masurium ...	Ma	43	98 (?)	Zer........	Ce	58	140,13
Molybdän ...	Mo	42	95,95	Zink.......	Zn	30	65,38
Natrium.....	Na	11	22,997	Zinn	Sn	50	118,70
Neodym.....	Nd	60	144,27	Zirkonium ..	Zr	40	91,22
Neon	Ne	10	20,183	—		85	—
Nickel	Ni	28	58,69	—		87	—

Einteilung der Elemente.

1. Atombau und Periodisches System.

Um die Vielfältigkeit der Elemente besser über-
blicken zu können, müssen wir uns noch etwas eingehender mit dem Atombau befassen. Das Atom, der kleinste
denkbare Masseteil eines Elements, ist, wie wir aus dem
vorhergehenden Abschnitt erfahren haben, in sich nicht
homogen, sondern ein heterogenes Gebilde, bestehend
aus Protonen und Elektronen. Der Rauminhalt eines
solchen Atoms ist nicht etwa gleichförmig von Materie
durchdrungen, sondern die Masse ist im Kern konzentriert.
Bei den größten Atomen (z. B. Uran) hat der Kern einen
Radius von etwa 10^{-12} cm. Um ihn kreisen Elektronen
in Entfernungen von etwa 10^{-8} cm. (Ein Elektron selbst
besitzt einen Radius von 10^{-13} cm.) Der Radius des
Atoms ist also 10^4 mal so groß wie der des Kerns. Der
Raum zwischen Kern und Atomradius ist leer, wie das
Durchdringen bestimmter Strahlenarten (Kathoden-, α-
und β-Strahlen) beweist. Kern und Elektronen wahren
ihren Zusammenhalt durch die elektrostatische An-
ziehungskraft des Kerns. Damit sich am Atom die
Zentrifugalkraft der Elektronen und die Coulombsche
Anziehungskraft die Waage halten können, müssen die
Elektronen beim Umlauf um den Kern eine ganz be-
stimmte Bahn einhalten.

Das einfachste Atom, das Wasserstoffatom, ist nach
unserer Vorstellung (unter Vernachlässigung jüngster
kernphysikalischer Überlegungen) wie Abb. 1 veranschaulicht aufgebaut. Um den Kern, der nur aus einem
Proton besteht (also Kernladung 1) kreist ein Elektron.
Die Bahn des Elektrons ist aber kein Kreis, wie dies in

der Abbildung zum Ausdruck kommt, sondern räumlich
zu einer Kugelschale ausgedehnt. Betrachten wir noch
ein Atom, das mehrere Kernladungen enthält, z. B. das

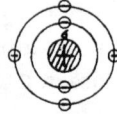

Abb. 1. Wasserstoffatom.   Abb. 2. Kohlenstoffatom.

Kohlenstoffatom.   Dieses besitzt (Abb. 2) im Kern
6 Protonen (Kernladungszahl 6) und demnach auch
6 Elektronen. Die Elektronen haben aber nicht auf einer
einzigen Kugelschale Platz und sind deshalb auf zwei
verteilt. Je größer ein Atom nun ist, desto mehr Elektronen kreisen um den Kern herum in bestimmten Kugelschalen, d. h. in bestimmten Abständen vom Kern. Das
größte natürlich vorkommende Atom, das Atom des
Urans, besteht aus einem Kern mit 92 Protonen, um den
92 Elektronen verteilt auf 7 Kugelschalen kreisen (Abb. 3).

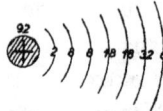

Abb. 3. Uranatom.

Die Besetzung der einzelnen Kugelschalen mit Elektronen
erscheint auf den ersten Blick etwas unübersichtlich, ist
jedoch sehr planmäßig. Vom Kern aus nach außen verfolgt, verteilen sich nämlich die Elektronen wie folgt:
$2 \cdot 1^2$ (= 2); $2 \cdot 2^2$ (= 8); $2 \cdot 2^2$ (= 8); $2 \cdot 3^2$ (= 18);
$2 \cdot 3^2$ (= 18); $2 \cdot 4^2$ (= 32) usw. Erst wenn die innere
Schale die ihr maximal zukommende Elektronenzahl

erreicht hat, wird die nächsthöhere Kugelschale aufgefüllt. An Hand einiger Elemente sei dies erläutert:

Zahlentafel 2. Elektronenverteilung.

Element	Protonenzahl (Kernladung)	Elektronenzahl		
		innerste Kugelschale	2. Kugelschale	3. Kugelschale
Wasserstoff....	1	1	—	—
Helium.......	2	2	—	—
Lithium	3	2	1	—
Beryllium	4	2	2	—
Bor..........	5	2	3	—
Kohlenstoff ...	6	2	4	—
Stickstoff......	7	2	5	—
Sauerstoff	8	2	6	—
Fluor.........	9	2	7	—
Neon.........	10	2	8	—
Natrium	11	2	8	1
Magnesium....	12	2	8	2
Aluminium....	13	2	8	3
Silizium	14	2	8	4
Phosphor	15	2	8	5
Schwefel......	16	2	8	6
Chlor	17	2	8	7
Argon........	18	2	8	8

usw.

Die innerste Kugelschale kann also maximal 2 Elektronen aufnehmen, die nächste 8, die übernächste 8 usw.

Auf Grund neuerer Forschungsergebnisse nimmt man
jetzt die Verteilung der Elektronen auf die einzelnen
Kugelschalen in folgender Zahlenreihe an: 2; 8; 18; 32;
18 usw. und unterteilt hierbei die größeren Kugelschalen
nochmals (z. B. die Kugelschale mit 32 Elektronen in
4 Schalen mit 2; 6; 10; 14 Elektronen), doch ändert dies
an unseren grundlegenden chemischen Betrachtungen
nichts. Wichtig ist, daß die äußerste Schale maximal mit
nur 8 Elektronen besetzt ist. Bei Elementen mit höherer

Kernladung, als in der obigen Zahlentafel angeführt,
treten deshalb in der Auffüllung der inneren Schalen
Abweichungen ein, auf die wir nicht näher eingehen
wollen, um die Übersichtlichkeit nicht zu verlieren.
Auf die äußerste Kugelschale und die darauf befindlichen Elektronen müssen wir unser besonderes Augen-
merk richten, denn diese bestimmen den chemischen
Charakter des Elements. So ist es einleuchtend, daß
Elemente, die auf der äußeren Kugelschale die gleiche
Elektronenzahl haben, z. B. Lithium und Natrium,
Beryllium und Magnesium, Bor und Aluminium usw.
(vgl. auf Zahlentafel 2), chemisch sehr ähnlichen Charakter aufweisen. Treten zwei Elemente zu einer Verbindung zusammen, so finden Veränderungen
an der Elektronenverteilung in dieser äußersten Kugelschale ihrer Atome statt.

Um in die Vielfältigkeit der 92 Elemente (Zahlentafel 1) Systematik hineinzubringen, hat man versucht,
sie in Gruppen mit ähnlichen oder verwandten Eigenschaften einzuteilen. Die durch systematische Aneinanderreihung und Gruppierung erhaltene Anordnung der
Elemente nennen wir das „Periodische System". Dieses
wurde von Lothar Meyer und Mendelejeff 1869 unabhängig voneinander aufgestellt (s. Zahlentafel 3). Maßgebend für die Reihenfolge der Elemente im Periodischen
System ist die Anzahl der Protonen im Kern (Kernladungszahl) der Elemente oder die Zahl der Elektronen, was ja das
gleiche ist. Somit hat jedes Element in der Kernladungszahl seine „Platznummer" im System. Parallel mit der
steigenden Kernladung steigt auch das Atomgewicht der
Elemente. (Das Atomgewicht ist eine Verhältniszahl, die
angibt, wievielmal schwerer ein Atom eines Elementes ist

Zahlentafel 3. Das Periodische System.

Links oben von jedem Element ist dessen Ordnungszahl, rechts unter ihm das Atomgewicht angegeben.

Perioden	Reihen	I Nebengruppe	I Hauptgruppe	II Nebengruppe	II Hauptgruppe	III Nebengruppe	III Hauptgruppe	IV Nebengruppe	IV Hauptgruppe	V Nebengruppe	V Hauptgruppe	VI Nebengruppe	VI Hauptgruppe	VII Nebengruppe	VII Hauptgruppe	VIII Nebengruppe	VIII Hauptgruppe (0te Gruppe)
	1		1 Wasserstoff 1,0081														2 Helium 4,003
1. kleine Periode	2		3 Lithium 6,940	4 Beryllium 9,02		5 Bor 10,82		6 Kohlenstoff 12,010		7 Stickstoff 14,008		8 Sauerstoff 16,000		9 Fluor 19,000			10 Neon 20,183
2. kleine Periode	3		11 Natrium 22,997	12 Magnesium 24,32		13 Aluminium 26,97		14 Silizium 28,06		15 Phosphor 31,02		16 Schwefel 32,06		17 Chlor 35,457			18 Argon 39,944
1. große Periode	4		19 Kalium 39,096		20 Kalzium 40,08	21 Skandium 45,10		22 Titan 47,90		23 Vanadium 50,95		24 Chrom 52,01		25 Mangan 54,93		26 Eisen 55,84 27 Kobalt 58,94 28 Nickel 58,69	
	5	29 Kupfer 63,57		30 Zink 65,38			31 Gallium 69,72		32 Germanium 72,60		33 Arsen 74,91		34 Selen 78,96		35 Brom 79,916		36 Krypton 83,7
2. große Periode	6		37 Rubidium 85,48		38 Strontium 87,63	39 Yttrium 88,92		40 Zirkonium 91,22		41 Niob 92,91		42 Molybdän 95,95		43 Masurium 98 (?)		44 Ruthenium 101,7 45 Rhodium 102,91 46 Palladium 106,7	
	7	47 Silber 107,880		48 Kadmium 112,41			49 Indium 114,76		50 Zinn 118,70		51 Antimon 121,76		52 Tellur 127,61		53 Jod 126,92		54 Xenon 131,3
3. große Periode	8		55 Zäsium 132,91		56 Barium 137,36	57 Lanthan 138,92 ⟶ 72 Hafnium 178,6				73 Tantal 180,88		74 Wolfram 183,92		75 Rhenium 186,31		76 Osmium 190,2 77 Iridium 193,1 78 Platin 195,23	
	9	79 Gold 197,2		80 Quecksilber 200,61			81 Thallium 204,39		82 Blei 207,21		83 Wismut 209,00		84 Polonium 210 (?)		85 —		86 Radon 222
4. große Periode	10	87 —			88 Radium 226,05	89 Aktinium 227 (?)		90 Thorium 232,12		91 Protaktinium 231		92 Uran 238,07					

Familien

Lanthanide: 58 Zer 140,13 59 Praseodym 140,92 60 Neodym 144,27 61 Illinium — 62 Samarium 150,43 63 Europium 152,0 64 Gadolinium 156,9 65 Terbium 159,2 66 Dysprosium 162,46 67 Holmium 163,5 68 Erbium 167,2 69 Thulium 169,4 70 Ytterbium 173,04 71 Kassiopeium 175,0

als ein Atom Wasserstoff. Für Wasserstoff wird der Wert
1,0081 angesetzt.) Nur an vier Stellen (Argon/Kalium;
Tellur/Jod, Kobalt/Nickel und Thorium/Protaktinium)
ist diese Reihenfolge der Atomgewichte der Elemente
unterbrochen, was aber, wie wir heute wissen, keine ein-
schneidende Unstimmigkeit bedeutet. Maßgebend für die
Gruppierung der Elemente sind die gemeinsamen physikalischen und chemischen Eigenschaften, vor allem die
Wertigkeit gegen bestimmte andere Elemente wie Wasserstoff, Sauerstoff und Chlor, ferner das Atomvolumen. Weitere Eigenschaften, die die Gruppierung rechtfertigen, sind
die Kompressibilität der festen Elemente, die Kristallform
analog zusammengesetzter Verbindungen, die Bildungswärme der Sauerstoff- und Chlorverbindungen und anderes
mehr. Elemente mit ähnlichen Eigenschaften stehen im
Periodischen System senkrecht untereinander. So gliedert
sich das System in mehrere senkrechte Gruppen mit einander ähnlichen Elementen. Zu solchen Gruppen gehören
z. B. die Elemente 3 (Lithium), 11 (Natrium), 19 (Kalium),
37 (Rubidium) und 55 (Zäsium) oder 2 (Helium), 10 (Neon),
18 (Argon), 36 (Krypton), 54 (Xenon) und 86 (Radon).
Vergleicht man diese senkrechten Gruppen mit der Zahlentafel 2, so ersieht man, daß zu den Gruppen immer die
Elemente zusammengefaßt sind, die auf der äußeren
Elektronenschale die gleiche Anzahl von Elektronen
besitzen. Das Periodische System hängt also in seiner
Gliederung sehr sinnvoll mit dem Atomaufbau zusammen. Im System können wir auch eine Einteilung
der Elemente in waagrechter Richtung vornehmen. Wir
zerteilen so das System in Perioden. Zählen wir die Anzahl der Elemente in den einzelnen Perioden nach, so
treten die Werte 2; 8; 8; 18; 18; 32 usw. auf. Wir sehen

auch hier wieder den engen Zusammenhang mit dem Atomaufbau. Die Anzahl der Elemente in jeder Periode entspricht der Zahl der Elektronen in der äußersten Kugelschale des letzten Elementes dieser Periode.

Der praktische Wert des Periodischen Systems liegt darin, daß man durch Analogieschlüsse Folgerungen über das Vorhandensein unbekannter Elemente und deren vermutliche physikalische und chemische Eigenschaften ziehen kann. Außerdem bietet es eine nahezu unerschöpfliche Fülle von Beziehungen zwischen den Elementen und ihren Verbindungen. Auf das Periodische System werden wir noch öfter zurückgreifen, denn nirgends überblickt man die scheinbar unübersichtliche Vielfältigkeit der Elemente so klar wie im Periodischen System. Ein tieferes Verständnis der Chemie, speziell der anorganischen, ist erst durch dieses möglich geworden. Die Bedeutung des Periodischen Systems kann gar nicht hoch genug eingeschätzt werden.

2. Metalle und Nichtmetalle.

Ganz abgesehen von der Einteilung der Elemente in Gruppen und Perioden, wie wir sie im Periodischen System vorgenommen haben, kann man sie ihrem physikalischen Charakter nach noch in zwei Gruppen aufteilen, in Metalle und Nichtmetalle (Metalloide). Die Metalle zeigen folgende gemeinsame Eigenschaften: Sie zeichnen sich durch Undurchsichtigkeit und glänzende Oberfläche aus, leiten den elektrischen Strom sehr gut ohne gleichzeitigen Massetransport (Leiter 1. Klasse), bilden untereinander homogene Mischungen (Legierungen) und besitzen einatomige Struktur, d. h. das Metall baut sich aus einzelnen Atomen auf, während bei den Nichtmetallen als Bausteine häufig Atomgruppen mit 2, 4, 6 oder 8 Atomen auftreten. Der metallische Zustand ist an den festen und flüssigen Aggregatzustand gebunden; im gasförmigen verschwinden die typischen Kennzeichen.

Die Nichtmetalle bieten im Gegensatz zu den Metallen eine außerordentliche Vielseitigkeit der Erscheinungen. So fallen bei den gasförmigen Nichtmetallen wie Sauerstoff im Vergleich zu den flüssigen wie Brom und den festen wie Phosphor schon rein äußerlich so sehr viele grundlegende Unterschiede auf, daß man kaum ein gemeinsames Kriterium dieser Grundstoffe herausfinden kann. Dazu kommt noch, daß viele Nichtmetalle in mehreren Formen (allotropen Modifikationen) auftreten können, so z. B. der Kohlenstoff als Graphit und Diamant, der Phosphor farblos und dunkelrot usw., so daß die Vielfältigkeit noch erhöht wird. Werfen wir einen Blick auf das Periodische System (S. 29), so erkennen wir, daß links unten die Metalle stehen, während rechts oben sich die Nichtmetalle befinden. Zieht man von der linken oberen Ecke nach der rechten unteren Ecke eine Diagonale durch das System, so hat man ungefähr die Trennungslinie zwischen den Metallen und Metalloiden vor sich. Bei den in der Nähe der Diagonale stehenden Elementen verwischt sich der Unterschied zwischen den beiden Gruppen.

Der Gegensatz zwischen Metallen und Metalloiden prägt sich auch auf chemischem Gebiet deutlich aus. So sind die Nichtmetalle ausgesprochene Säurebildner (Chlor — Chlorwasserstoffsäure, Schwefel — Schwefelsäure, Phosphor — Phosphorsäure) und die Metalle Basenbildner (Natrium — Natronlauge, Kalzium — Kalziumhydroxyd, Kupfer — Kupferhydroxyd). Die Elemente,

WILHELM SCHEELE (1742—1786).

(Nach dem Standbild von Börjeson in Stockholm.)

Scheele und seine Zeitgenossen Priestley, Lavoisier und Cavendish
haben durch ihre eifrigen und exakten Experimentalarbeiten die
Wissenschaft begründet, die man jetzt Chemie nennt. Sie ent-
deckten den Sauerstoff und gelangten als erste zu der richtigen
Erkenntnis der Verbrennungsvorgänge.

FRIEDRICH WÖHLER (1800—1882).

(Nach einer Zeichnung von Ehrentraut.)

Wöhler gelang die synthetische Herstellung von Harnstoff. Er bewies damit, daß die organischen Verbindungen nicht nur von lebenden Individuen gebildet werden können. Dadurch ist die bisherige wissenschaftlich begründete Scheidewand zwischen organischer und anorganischer Chemie gefallen.

die sich in der Nähe der Diagonale befinden, zeigen auch in chemischer Hinsicht einen Übergang. So können diese Elemente sowohl Säuren als auch Basen bilden (z. B. Aluminium bildet Aluminiumhydroxyd und Aluminat).

Elementumwandlung.

Die 92 Elemente sind Grundstoffe, die durch die gebräuchlichen physikalischen und chemischen Methoden nicht in ungleichartige Bestandteile zerlegbar sind. Bei der Betrachtung des Atombaus haben wir jedoch gesehen, daß sich diese Elemente sehr planvoll aus Protonen und Elektronen aufbauen. Es tritt an uns die Frage heran, die die Philosophen schon vor Jahrhunderten zu beantworten bemüht waren, ob die Elemente nicht etwa zu einem Urstoff abgebaut werden können und demnach auch Elementaufbau aus dem Urstoff und Elementumwandlung möglich ist. Auf die finanzielle Auswertung dieser Frage zielte vor allem das Streben der Alchemisten hin. Nachdem man erkannt hat, daß die einzelnen Energiearten ineinander überführbar sind, ist diese Frage nach der Möglichkeit der Elementumwandlung besonders akut geworden. Nach allem, was wir in den vorausgehenden Abschnitten erfahren haben, ist die Natur des Elements im Atomkern verankert, während die chemischen Veränderungen eine Angelegenheit der Elektronenhülle sind. So wird es uns auch klar, daß das Mühen der Alchemisten um Herstellung von Gold aus anderen Stoffen ohne Erfolg bleiben mußte, denn sie hatten durch ihre mehr oder weniger geistreichen Versuche mit physikalischen und chemischen Eingriffen stets nur Veränderungen an der Elektronenhülle der Atome vorgenommen. Wir wissen heute, daß die Elemente aus drei verschiedenen Bestandteilen aufgebaut sind: aus elektrisch ungeladenen Masseeinheiten, den Neutronen, die im Kern sitzen, aus elektrisch positiven Einheiten, die den Namen Positronen tragen und sich ebenfalls im Kern befinden, und aus negativen elektrischen Einheiten, den Elektronen, die um den Kern kreisen. Ein Neutron und ein Positron ergibt ein Proton, das uns bereits als Bestandteil des Atomkerns geläufig ist. So z. B. besteht das Fluoratom aus 9 Positronen, 9 Elektronen und 19 Neutronen. 9 von diesen 19 Neutronen sind mit den 9 Positronen zu 9 Protonen vereinigt, die übrigen 10 sind ungeladen. Daher hat das Fluor die Ordnungszahl 9 und das Atomgewicht 19. Durch die Auffindung der Neutronen, dieser ungeladenen Massepartikel, ist verständlich geworden, warum das Atomgewicht der Elemente nicht mit der Ordnungszahl identisch ist, sondern erheblich größere Werte aufweist. Alle drei Urbestandteile des Atoms hat man in den letzten Jahren aus den Atomen herausspalten können, so daß unsere Kenntnisse vom Atom als gesichert anzusehen sind. Nach unseren jetzigen Erkenntnissen trägt das Atom ($\alpha\tau o\mu o\varsigma$ = unteilbar) seinen Namen nicht mehr mit Recht.

Im Periodischen System fällt auf, daß die Atomgewichte vieler Elemente kein ganzzahliges Vielfaches vom Atomgewicht des Wasserstoffes sind, obwohl dies nach unseren atomtheoretischen Erwägungen der Fall sein müßte. Dies beruht darauf, daß diese Grundstoffe keine reinen Elemente sind, sondern ein Gemisch mehrerer Atomarten mit zwar gleicher Kernladung und Elektronenzahl, aber verschiedener Masse. Solche Elemente, die sich nur durch die Masse, nicht aber durch die Ordnungszahl unterscheiden, nennt man Isotope. Das Chlor (Ordnungszahl 17, Masse 35,457) besteht z. B. aus 76% Chlor (Ordnungszahl 17, Masse 35) und 24% Chlor (Ordnungszahl 17, Masse 37). Isotope haben im Periodischen System die gleiche Platznummer. Sie unterscheiden sich chemisch nicht voneinander und zeigen einen Unterschied nur in Eigenschaften, die durch die Masse bedingt sind, z. B. in der Wanderungsgeschwindigkeit im elektrischen Feld oder in der Verdampfungsgeschwindigkeit. Ihre Masse ist stets ganzzahlig, wie dies nach der Atomtheorie zu erwarten ist. Das Blei (Kernladung 82, Masse 207,21) ist beispielsweise ein Mischelement von 8 Isotopen mit den Atomgewichten 203, 204, 205, 206, 207, 208, 209 und 210. Man kennt z. Z. etwa 300 Isotope. Das Vorhandensein der Isotope ist so zu erklären, daß die Atome eines Elements bei gleicher Positronen- und Elektronenzahl eine verschiedene Anzahl von Neutronen im Kern aufweisen. Für die praktische Chemie sind die Isotope ohne Bedeutung, sie spielen jedoch bei der Erforschung der Elementumwandlung eine große Rolle, weil man beim Studium einer Umwandlung nicht von Isotopengemischen sondern bestimmten Isotopen ausgehen muß und hernach auch bestimmte Isotope eines anderen Elements erhält.

Nachdem man zu den Urstoffen vorgedrungen ist, stand auch fest, daß ein Atomauf- und -abbau wenigstens theoretisch möglich sein muß. Es ist sogar in vielen Fällen schon gelungen, allerdings in so verschwindend geringer Menge, daß an eine praktische Auswertung vorläufig nicht zu denken ist. Zur Veränderung des Atomkerns müssen Energien von höchster Intensität zur Anwendung kommen, wie wir sie in bestimmten Strahlenarten (α-Strahlen, Protonenstrahlen, Deuteronenstrahlen und Neutronenstrahlen) zur Verfügung haben. Ein Atomaufbau ist z. B. gelungen durch Beschießen von Berylliumatomen mit Heliumkernen nach dem Schema:

Beryllium (Ordnungszahl 4, Masse 9) + Helium (Ordnungszahl 2, Masse 4) = Kohlenstoff (Ordnungszahl 6, Masse 12) + Neutron (Ordnungszahl 0, Masse 1).

3*

Ein Abbau (Atomzertrümmerung) ist beispielsweise möglich durch den Einfluß von Protonenstrahlen auf Bor:

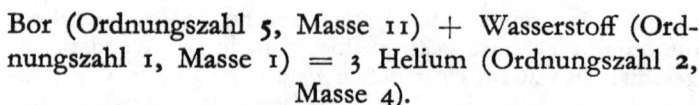

Bor (Ordnungszahl 5, Masse 11) + Wasserstoff (Ordnungszahl 1, Masse 1) = 3 Helium (Ordnungszahl 2, Masse 4).

So ist der Traum der Alchemisten, die Elementumwandlung, bereits in Erfüllung gegangen.

Die vom Ehepaar Curie 1898 entdeckte Radioaktivität ist eine Elementumwandlung, die freiwillig vor sich geht. Bei diesem natürlichen radioaktiven Zerfall von Radium entstehen Blei, Radon (auch Emanation oder Niton genannt), ferner α-Strahlen (d. s. zweifach positiv geladene Heliumatome), β-Strahlen (= freie negativ geladene Elektronen) und γ-Strahlen (= Röntgenstrahlen mit der Wellenlänge von ungefähr 10^{-10} cm). Jedes radioaktive Element hat eine bestimmte Zerfallsgeschwindigkeit. Diese ist eine von der Natur gegebene Größe und als solche unabhängig von äußeren Einflüssen. Sie kann z. B. nicht durch Erhitzen beschleunigt werden. Auf der Zerfallsgeschwindigkeit radioaktiver Elemente basieren, nebenbei erwähnt, die Berechnungen für die Schätzung des Alters der Erde. Natürliche Radioaktivität finden wir bei den schwersten Elementen vor, also den Elementen, die im Periodischen System unten stehen (Radium, Radon, Aktinium, Thorium, Protaktinium, Uran usw.). Curie und Joliot fanden nun 1934, daß man Elemente auch künstlich zur Radioaktivität bringen kann und daß sich hierzu die leichten Elemente besonders gut eignen. Beschießt man Aluminium (Kernladungszahl 13, Masse 27) mit α-Strahlen, so entsteht daraus Phosphor (Ordnungszahl 15, Masse 30), der radioaktiv ist. Dieser zerfällt mit einer bestimmten Geschwindigkeit in Silizium (Kernladungszahl 14, Masse 30) und sendet dabei Positronenstrahlen aus. Durch Beschießen mit Neutronen kann man fast alle Elemente in radioaktive Elemente verwandeln.

Verbreitung der Elemente.

Unter der Voraussetzung, daß die Zusammensetzung der festen Erdkruste bis etwa 16 km unter dem Meeresspiegel dieselbe ist, welche wir an der Erdoberfläche kennen, ergibt sich für die elementare Zusammensetzung dieser Kruste einschließlich der Atmosphäre und des Meeres folgendes Bild: Die Erdoberfläche besteht zur Hälfte aus Sauerstoff und zu einem Viertel aus Silizium. Der Rest von 25 Gewichtsprozent verteilt sich auf alle übrigen auf der Erde vorkommenden Elemente. 7,5% davon entfallen auf Aluminium, 4,7% auf Eisen, 3,4% auf Kalzium, 1,9% auf Magnesium, 2,6% auf Natrium und 2,4% auf Kalium. Diejenigen Elemente dagegen, die sich unserer Beobachtung am meisten aufdrängen, treten mengenmäßig stark zurück. So ist der Wasserstoff mit nur 0,88% einzusetzen, das Chlor mit 0,19%, der Kohlenstoff mit 0,09%, der Phosphor mit 0,12% und der Stickstoff mit 0,03% (I. u. W. Noddack).

Die relative Häufigkeit, d. h. die Häufigkeit der Atome der Elemente unserer Erdoberfläche, zeigt allerdings eine andere Reihenfolge. Setzt man die Häufigkeit des Sauerstoffs mit 30 an, so entfällt auf Silizium die Zahl 9,5, auf Wasserstoff 9,5, auf Aluminium 2,5, auf Natrium 1, auf Magnesium 0,86, auf Kalzium 0,80, auf Eisen 0,73, auf Kalium 0,60 und auf Kohlenstoff 0,17. Das mittlere spezifische Gewicht unserer Erdkruste

beträgt 2,50, das spezifische Gewicht des gesamten Erd-
balls wurde dagegen zu 5,53 ermittelt. Daraus folgt,
daß das Erdinnere vorwiegend aus schwereren Elementen
vom spezifischen Gewicht 7—9 bestehen muß. Es
kommen als solche die Schwermetalle in Frage und unter
diesen besonders Eisen und Nickel.

Die Frage, ob die Häufigkeit der Elemente eine Gesetzmäßigkeit darstellt, haben I. und W. Noddack geklärt. Dazu war erforderlich, daß nicht nur unsere irdische
Umgebung auf den Gehalt an einzelnen Elementen quantitativ geprüft wurde; es mußte vielmehr das gesamte
Weltall soweit als möglich zur Untersuchung herangezogen werden. Einen Aufschluß über die chemische
Zusammensetzung des Weltalls erhalten wir durch das
optische Spektrum, das wir an den leuchtenden Himmels-
körpern mit Hilfe des Spektralapparats aufnehmen können,
und durch die Untersuchung der Meteorite. Besonders
die letzteren sind aufschlußreiche Materialproben aus
allen möglichen Fernen des Weltalls, von Himmels-
körpern mit verschiedenem geologischem und astro-
nomischem Alter. Die Untersuchung über die Zusammensetzung des Weltalls zeigte, daß im Himmelssystem keine
Elemente vorkommen, die auf der Erde nicht vorhanden
wären. Sie brachte auch die Erkenntnis, daß die Häufigkeit eines Elements im Weltall keine relative Zahl ist,
sondern eine physikalische Konstante darstellt, die um so
genauer angegeben werden kann, je eingehender die
verschiedensten Materialien auf den Gehalt des betreffenden Elements (Spurennachweis) geprüft worden sind.
So erhält man Werte für die absolute Häufigkeit
eines Elements. Stellt man diese Häufigkeit graphisch
dar, so ergibt dies eine charakteristische Kurve, die die

Gesetzmäßigkeit zeigt (s. Abb. 4). Die Kurve der absoluten Häufigkeit ist für uns in wissenschaftlicher und
praktischer Hinsicht von großem Wert. Sie zeigt uns,
daß viele Elemente weit häufiger vorhanden sind, als
man bisher auf Grund von Mineralanalysen angenommen
hatte. Diese Elemente sind in der Materie entweder so

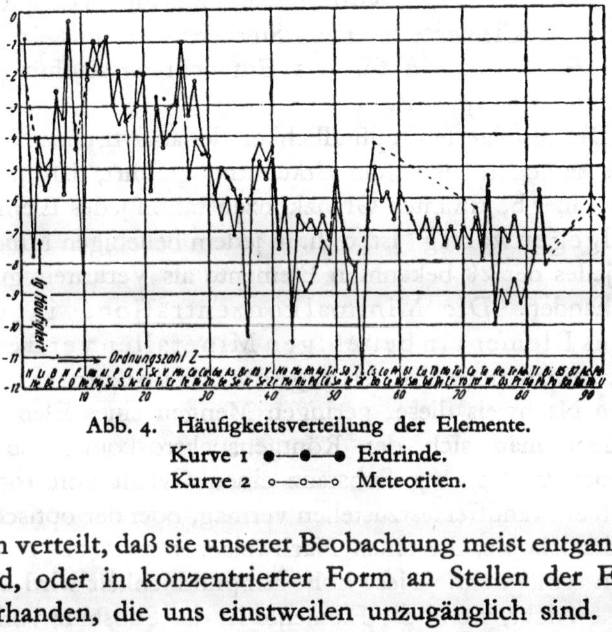

Abb. 4. Häufigkeitsverteilung der Elemente.
Kurve 1 ●—●—● Erdrinde.
Kurve 2 ○—○—○ Meteoriten.

fein verteilt, daß sie unserer Beobachtung meist entgangen
sind, oder in konzentrierter Form an Stellen der Erde
vorhanden, die uns einstweilen unzugänglich sind. Sie
zeigt uns ferner, daß die absolute Häufigkeit der noch
fehlenden Elemente des Periodischen Systems (mit den
Ordnungszahlen 43, 61, 85, 87) so klein ist, daß ihre Auffindung und Isolierung voraussichtlich nur in Spuren
gelingen wird.

Unser Sonnensystem und Himmelssysteme in ähn-
lichem Entwicklungsstadium haben anscheinend die

gleiche Häufigkeitsverteilung der Elemente, nämlich so,
wie sie aus Abb. 4 ersichtlich ist. Viele Sterne aber zeigen
spektroskopisch eine ganz andere Zusammensetzung.
Man findet auf ihnen besonders Wasserstoff und Helium.
Für diese Systeme wird die Häufigkeitsverteilung natürlich eine andere sein als die für unser Sonnensystem
geltende. Vielleicht wird in Zukunft die Häufigkeits-
kurve der Elemente in einem Sternensystem uns ein ein-
deutiger Beleg sein für das Entwicklungsstadium des
betreffenden Systems.

Die gesteigerte Empfindlichkeit der analytischen Nachweismethoden hat zu der Erkenntnis geführt, daß unterhalb einer bestimmten Grenzkonzentration jedes Element
„allgegenwärtig“ ist, d. h. in jedem beliebigen Mineral
ist jedes der 88 bekannten Elemente als Verunreinigung
vorhanden. Die Minimalkonzentration, in der
jedes Element in beliebigen Mineralien vertreten
ist, nennt man die Allgegenwartskonzentration.
Zum Nachweis dieser geringen Mengen eines Elements
bedient man sich der Röntgenspektroskopie, die in
Proben von 0,1 mg Substanz einen Gehalt von 10^{-8} g
noch einwandfrei festzustellen vermag, oder der optischen
Spektroskopie, die einen Nachweis von 10^{-8} bis 10^{-9} g
noch ermöglicht. Diese hohe Empfindlichkeit wird aber
nur erreicht, wenn die Elemente in der Substanz vorher
durch chemische Verfahren um das 1000- bis 10000-
fache angereichert worden sind. Die Höhe der Allgegenwartskonzentration eines Elements ist durch zwei Faktoren bestimmt, durch die absolute Häufigkeit und durch
seine geochemische Entwicklungsgeschichte. Bei einigen
häufigen Elementen wie z. B. Sauerstoff, Silizium, Magnesium, Kalzium, Eisen, liegt die Allgegenwarts-

konzentration schon bei 10^{-5}, bei anderen wie Aluminium, Schwefel, Kupfer, Zink, Arsen, Blei bei 10^{-6}, bei allen übrigen (nicht radioaktiven) Elementen dagegen oberhalb 10^{-9} (I. und W. Noddack).

Nachweis eines Elements.

Jedes Element gibt chemische Reaktionen, durch die es nachgewiesen werden kann. So z. B. läßt sich Barium durch Fällung mit Schwefelsäure (weißer Niederschlag von Bariumsulfat) oder Chlor durch Fällen mit Silbernitrat (weißer Niederschlag von Silberchlorid) feststellen. Diese chemischen Methoden haben aber den Nachteil, daß sie nicht charakteristisch genug sind und in manchen Fällen Anlaß zu Irrtum geben können. Auch sind sie häufig nicht empfindlich genug, um Spuren des gesuchten Elements zu erfassen. Zudem ist meist noch ein Aufschlußverfahren, eine Abtrennung störender Elemente oder eine Anreicherungsmethode erforderlich, um die chemische Nachweisreaktion eindeutig durchführen zu können. Kommt es darauf an, festzustellen, welche Elemente in einem unbekannten Stoff, z. B. in einem Mineral, vorhanden sind, oder gar eins von den noch unbekannten Elementen zu suchen, dann greift man zu physikalischen Methoden, zur Röntgenspektroskopie und zur optischen Spektralanalyse.

1. Röntgenspektroskopie.

Um die Röntgenspektroskopie zu erklären, muß nochmals auf den Atombau zurückgegriffen werden. Die um den Atomkern kreisenden Elektronen halten bestimmte Entfernungen vom Kern — Kugelschalen — ein. Auf

Vorschlag von Siegbahn hat man die dem Kern am nächsten liegende Kugelschale mit K-Schale, die darüberliegende mit L-Schale, die nächste mit M-Schale, die weiteren analog mit N-, O-, P-, Q-Schale usw. bezeichnet. Entfernt man nun aus diesen inneren Kugelschalen eines Atoms ein Elektron z. B. durch Bombardieren mit Kathodenstrahlen, so tritt die dabei frei werdende Energie als Röntgenstrahlung[1]) auf, die nach spektraler Zerlegung auf dem Film als Linie erscheint. Dies ist folgendermaßen zu erklären:

Gelingt es, aus der inneren Schale ein Elektron herauszuspalten, so erleidet der Energieinhalt des Atoms eine entsprechende Vergrößerung. Die aufgenommene Energie bewirkt, daß ein Elektron aus der L-Schale in die K-Schale einrücken kann; die dadurch in der L-Schale entstandene Lücke wird durch ein Elektron der M-Schale aufgefüllt usw. Dadurch, daß Elektronen in Bahnen geraten, die dem Kern näher stehen, wird die Energie frei. Je nach der Größe des Sprunges, den die Elektronen aus ihren Bahnen zur nächsttieferen auszuführen hatten, ist nun die frei werdende Energiemenge, die als Röntgenstrahlung auftritt, verschieden groß. Nach einem bekannten Gesetz ist die Energie proportional der Schwingungsfrequenz v. E (Energie) $= h$ (Konstante) $\cdot v$ (Schwingungsfrequenz). Dementsprechend drückt sich die Energie in der Schwingungsfrequenz oder reziprok gerechnet in der Wellenlänge der ausgesandten Strahlung aus. Wird also aus der K-Schale ein Elektron entfernt, so tritt die frei werdende Energie als K-, L-, M- usw. Spektrum in Erscheinung. Entfernt man ein Elektron aus der L-Schale, so kann naturgemäß kein K-Spektrum auftreten, sondern nur die L-, M-, N- usw. Spektren.

Jedes Element gibt also, wenn in den innersten Kugel-schalen seiner Atome ein Elektron entfernt wird, ein Röntgenspektrum. K-, L- und M-Spektren bestehen nicht aus einzelnen Linien, sondern aus Liniengruppen, wobei die einzelnen Linien dieser Gruppen mit Indizes bezeichnet werden, z. B. K_{a1}, K_{a2}, L_{a1}, L_{a2}, $L_{\beta2}$.

Aus dem vorher Gesagten geht hervor, daß das Röntgenspektrum uns Aufschluß gibt über die in einem Stoff vorhandenen Atomarten. Es ist hierbei ganz gleichgültig, ob das Element bei der Untersuchung als freies Element, als Legierung oder in einer chemischen Verbindung gebunden vorliegt. Das Röntgenspektrum zeichnet sich durch eine auffallende Einfachheit der Linien (im Gegensatz zum optischen Spektrum) aus und durch folgende Gesetzmäßigkeit gegenüber der Ord-nungszahl der Elemente:

Berechnet man die Schwingungszahlen ν der im Röntgenspektrum einander entsprechenden Linien für die verschiedenen Elemente, so läßt sich folgende Gesetz-mäßigkeit zwischen der Schwingungszahl ν und der Ordnungszahl des Elements aufstellen:

$$\sqrt{\nu} = c\,(N - a).$$

Diese Gleichung ist als Moseleysches Gesetz bekannt. (ν ist die Schwingungszahl, N die Ordnungszahl des Elements, c und a sind Konstanten.) In Worten ausge-drückt, besagt dieses Gesetz, daß die Quadratwurzeln der Schwingungszahlen sich mit der fortschreitenden Ordnungszahl der Elemente linear ändern. Gelingt es nun, von einem noch nicht bekannten Element durch Aufnahme des Röntgenspektrums Linien zu finden, die diesem Element zugehören, so ist damit der physi-

kalische Nachweis für das Vorhandensein des betreffenden Elements erbracht. Nach dem Moseleyschen Gesetz
kann man dann die Ordnungszahl des betreffenden
Elements rechnerisch ermitteln. Die Abb. 5 auf Tafel IV
zeigt das Röntgenspektrum, durch das die Existenz des
Rheniums erstmalig nachgewiesen wurde. Man sieht neben
den Linien des Wolframs (W), Kupfers (Cu) und Zinks
(Zn) eine schwache Linie, die von den Entdeckern als
Linie $L_{\alpha 1}$ des Rheniums erkannt wurde. Die bereits bekannten Elemente kann man selbstverständlich auch durch
Röntgen-Spektralaufnahmen in den verschiedensten Substanzen nachweisen. Dies ist sogar noch einfacher als
bei unbekannten, weil man dann durch Standardauf-
nahmen vorher genau feststellen kann, wo die einzelnen
Linien des betreffenden Elements zu erwarten sind. Die
Lage der Linien schreitet von Element zu Element mit
wachsender Ordnungszahl stetig fort, so daß gerade
chemisch verwandte Elemente, die ja im Periodischen
System untereinander stehen, ganz wesentlich verschiedene Röntgenspektren geben. Abb. 6a zeigt Röntgenspektren (K-Serie) der Elemente Argon bis Zink und
Abb. 6b die K-, L- und M-Serien einiger Elemente. Die
Röntgenspektroskopie hat wegen ihrer eindeutigen Be-
weiskraft bereits umfangreiche Anwendung zum Nachweis von Elementen gefunden. Durch Vergleich der
Intensitäten entsprechender Linien läßt sich bei Berücksichtigung einiger störender Momente sogar ein Schluß
auf den mengenmäßigen Gehalt an den einzelnen Elementen ziehen.

Das Röntgenspektrum kann in zweifacher Weise
beobachtet werden, als Emissions- und als Absorptionsspektrum. Zur Aufnahme des Emissionsspektrums wird

der zu untersuchende Stoff auf die Antikathode der
Röntgenröhre gebracht. Beim Aufprall der Kathoden-
strahlen wird die Eigenstrahlung der verschiedenen
Atomarten erregt, die in der Substanz enthalten sind.
Die von der Antikathode ausgehenden Röntgenstrahlen

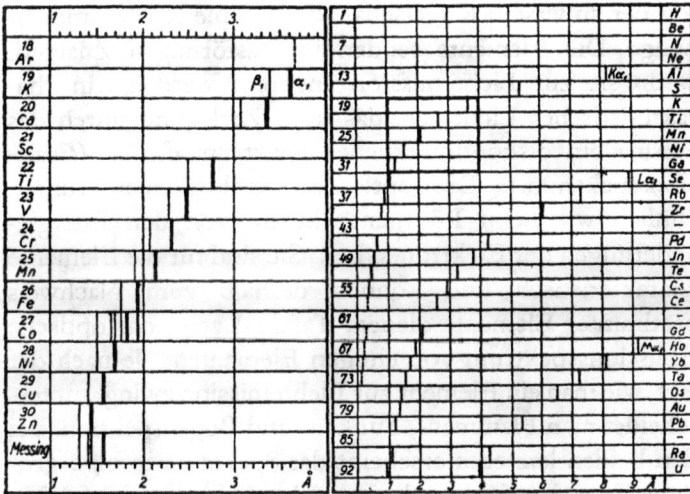

Abb. 6a. Röntgenspektrum   Abb. 6b. Röntgenspektrum
(K-Serie) der Elemente   (K-, L- und M-Serie) einiger
Ar bis Zn.   Elemente.

werden in einem Röntgenspektrographen spektral zerlegt und das Spektrum photographiert.

Das Absorptionsspektrum erhält man, wenn man die
Strahlung einer gewöhnlichen Röntgenröhre durch eine
dünne Schicht des zu untersuchenden Stoffes hindurchgehen läßt und sie dann spektral zerlegt. Das Spektrum
wird dann ebenfalls photographiert.

2. Optische Spektralanalyse.

Eine zweite einwandfreie Nachweismethode für Elemente ist die optische Spektralanalyse. Während das Röntgenspektrum eine Funktion der inneren Kugelschalen eines Elements ist, steht das optische Spektrum mit der äußersten Kugelschale der Atome im Zusammenhang. Die Elemente senden im gasförmigen Zustand, wenn sie zur Lichtemission angeregt werden, ein charakteristisches Licht aus, das nach Zerlegung durch das Prisma ein diskontinuierliches Spektrum ergibt. (Emissionsspektrum.) Die optischen Spektrallinien rühren ähnlich wie beim Röntgenspektrum von den Energieänderungen der Elektronen her. Sie sind für die Elemente charakteristisch und können deshalb zum Nachweis bestimmter Elemente dienen. Tafel III zeigt das optische Emissionsspektrum von einigen Elementen. Je nach der Art, wie man ein Element zur Lichtemission zwingt, unterscheidet man Flammen-, Funken- und Bogenspektren. Bei den beiden letzteren erscheint das Spektrum infolge größerer Energiezuführung linienreicher (Abb. 7 auf Tafel IV). Wie bei der Röntgenspektroskopie kann man auch bei der optischen Spektralanalyse ein Absorptionsspektrum erhalten, wenn man weißes Licht durch gasförmige Elemente hindurchtreten läßt und das Licht dann spektral zerlegt. In dem kontinuierlichen Spektrum der Lichtquelle ist so das Spektrum des gasförmigen Elements in dunklen Linien zu sehen.

Röntgen- und optische Spektroskopie gehören zu den elegantesten und sichersten Element-Nachweismethoden des modernen Chemikers. Vor der Entdeckung der Röntgenstrahlen (1895) und der optischen Spektral-

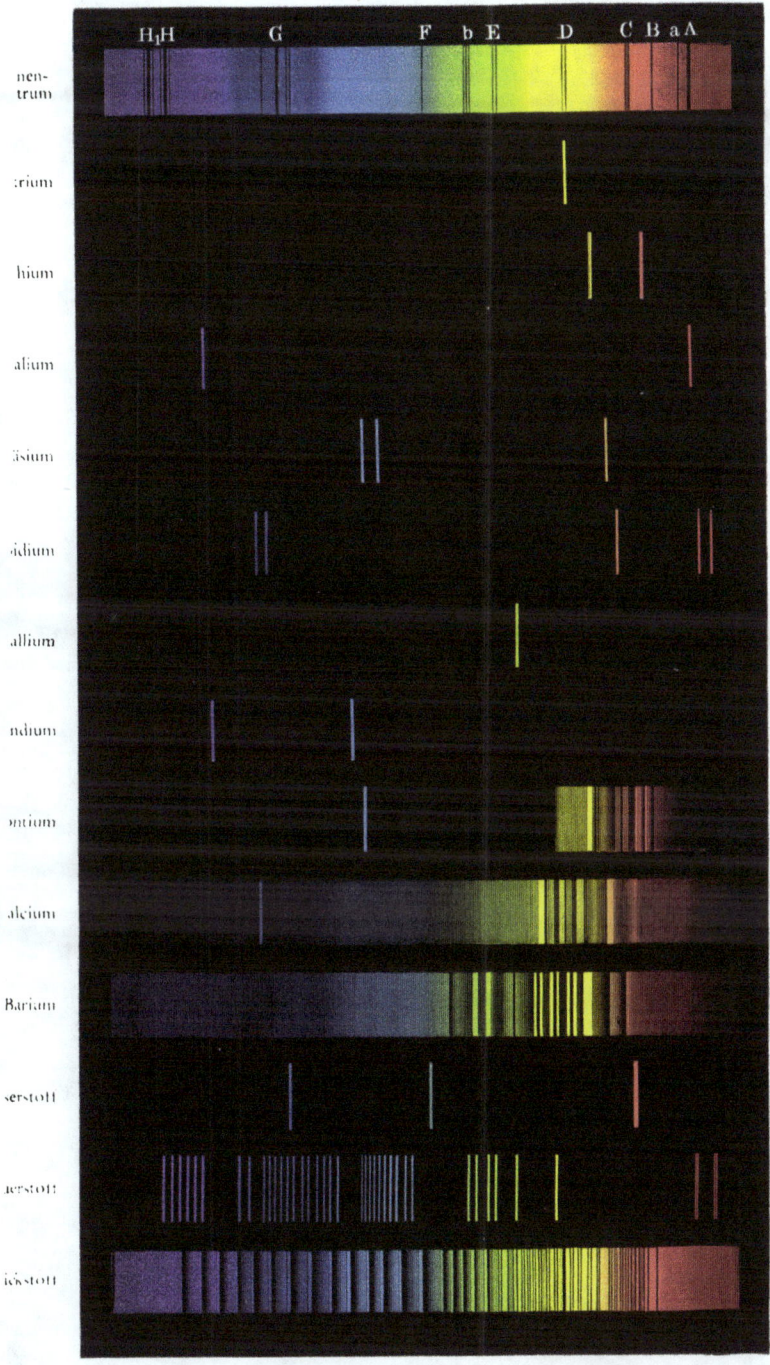

Optische Spektren einiger Elemente   Tafel III

H₁H   G   F   bE   D   C B aA

...nen-
trum

...:rium

...hium

...alium

...äsium

...idium

...allium

...ndium

...ontium

...alcium

Barium

...serstoff

...serstoff

...ickstoff

w a s n i k , Chemiker.   Aus Müller-Pouillet-Pfaundler. II. Verlag Friedr. Vieweg & Sohn. Braunschweig.

analyse (1859) standen den chemischen Forschern zur Entdeckung neuer Elemente diese Methoden naturgemäß nicht zur Verfügung. Der Nachweis neuer Elemente war damals entsprechend den physikalischen und chemischen Eigenschaften der Elemente von Fall zu Fall ganz verschieden. Teils waren es abnorme physikalische Eigenschaften, durch die das Element die Aufmerksamkeit des Forschers auf sich lenkte (z. B. Leuchten des Phosphors), teils war es auch ein neuartiges chemisches Verhalten (z. B. chemische Indifferenz des Argons). Viele Elemente kannte man schon lange in Form ihrer Verbindungen, konnte sie aber erst viel später als freies Element isolieren. Von der Existenz des Fluors z. B. wußte man schon vor mehr als 100 Jahren. Es war in Form seiner Verbindungen Flußspat (Kalziumfluorid), Flußsäure (Fluorwasserstoff) und Kieselfluorgas (Siliziumtetrafluorid) wohlbekannt. Man wies es nach durch Fällung mit Kalziumchlorid als Kalziumfluorid oder durch Bildung von gasförmigem Siliziumtetrafluorid beim Erhitzen der Substanz mit Kieselsäure und Schwefelsäure. Die elementare Darstellung des Fluors gelang indessen erst 1886 durch Elektrolyse von wasserfreiem Fluorwasserstoff.

3. Atomgewichtsbestimmung.
(Prinzip und Methodik.)

Aus dem Abschnitt über Atombau war zu ersehen, daß das Atomgewicht für die Charakterisierung des Elements eine wichtige Rolle spielt und daß vor allem bei Mischelementen das Atomgewicht (d. h. in diesem Falle das anteilmäßige Mittel aus den Atomgewichten der Isotopen) zu beachten ist. Außerdem hat das Atomgewicht eine außerordentlich große praktische Bedeutung, weil jegliche chemische Rechnung auf den Atomgewichten basiert. Wir wollen daher auch kennenlernen, wie der Chemiker das Atomgewicht eines Elements ermittelt. Die chemische Methode, die bei Reinelementen das wahre Atomgewicht, bei Mischelementen allerdings das anteilmäßig gemittelte ergibt, beruht darauf, daß eine Verbindung des Elements mit dem unbekannten Atomgewicht quantitativ in eine bekannte Verbindung übergeführt und das Gewichtsverhältnis zwischen Ausgangsstoff und Endprodukt ermittelt wird. Als Beispiel sei die Atomgewichtsbestimmung des Rheniums erwähnt, die von Hönigschmid und Sachtleben 1930 an dem damals noch wenig bekannten Element durchgeführt wurde. Die Autoren gingen vom Silberperrhenat ($AgReO_4$) aus, das ihnen besonders günstig für diese Messung erschien, und setzten eine gewogene Menge davon mit Bromwasserstoff (HBr) quantitativ zu Silberbromid (AgBr) um, das ebenfalls gewogen wurde. Die Umsetzung geht nach folgender Gleichung vor sich:

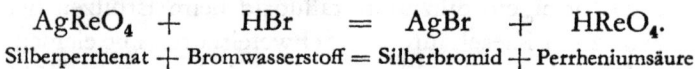

$$AgReO_4 \quad + \quad HBr \quad = \quad AgBr \quad + \quad HReO_4.$$

Silberperrhenat $+$ Bromwasserstoff $=$ Silberbromid $+$ Perrheniumsäure

Das Silber des Silberperrhenats wurde also in Silberbromid übergeführt. Da das Silberbromid keine Elemente mit unbekanntem Atomgewicht enthält, kann man aus dem Verhältnis von eingewogenem $AgReO_4$ und ausgewogenem AgBr das Molekulargewicht (= Summe der Atomgewichte) des Silberperrhenats berechnen. Nun braucht man von diesem nur das Atomgewicht von Silber und das vierfache vom Sauerstoff abzuziehen und man erhält das Atomgewicht des Rheniums.

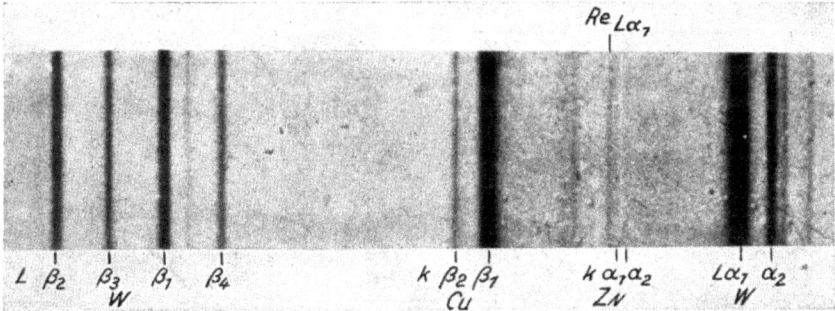

Abb. 5. Röntgenspektrum, mit dem erstmalig das Rhenium nachgewiesen wurde.

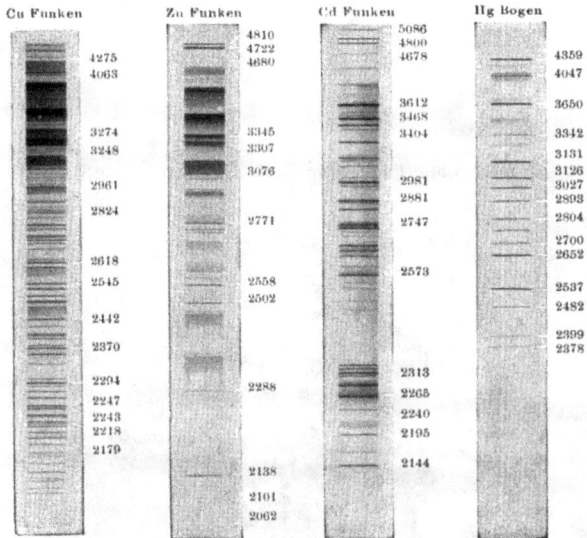

Abb. 7. Funken- und Bogenspektren von Kupfer, Zink, Kadmium
und Quecksilber.

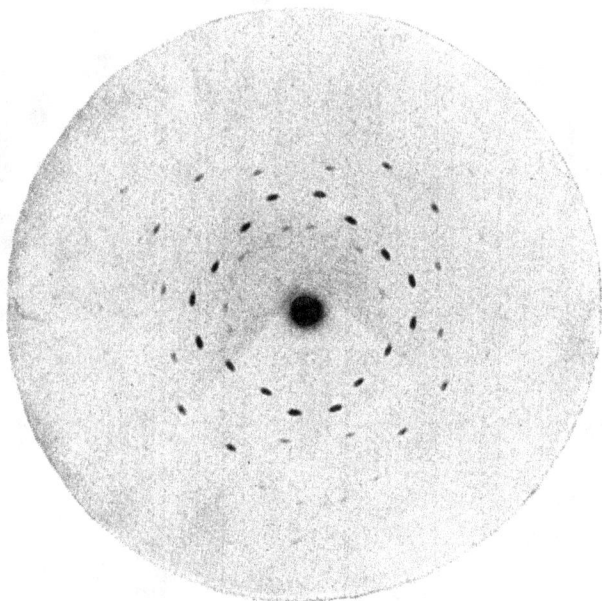

Abb. 8. Laue-Diagramm von Zinkblende (ZnS).

Abb. 9. Kamera für Debye-Scherrer-Aufnahmen.

Die genannten Autoren führten 7 Bestimmungen durch und erhielten folgende Werte:

1. Aus 5,36365 g $AgReO_4$ bilden sich 2,81186 g AgBr
2. „ 7,83577 „ „ „ „ 4,10795 „ „
3. „ 8,55829 „ „ „ „ 4,48684 „ „
4. „ 6,34973 „ „ „ „ 3,32894 „ „
5. „ 8,90918 „ „ „ „ 4,67111 „ „
6. „ 6,95494 „ „ „ „ 3,64684 „ „
7. „ 7,85704 „ „ „ „ 4,11955 „ „

Sa. Aus 51,82860 g $AgReO_4$ bilden sich 27,17309 g AgBr

Das Verhältnis $\dfrac{AgReO_4}{AgBr}$ beträgt hiermit:

1. 1,90751
2. 1,90747
3. 1,90742
4. 1,90743
5. 1,90729
6. 1,90712
7. 1,90726

Mittel 1,90735

Da das Mokelulargewicht des Silberbromids 187,796 ist, beträgt das des Silberperrhenats $187{,}796 \cdot 1{,}90735 = 358{,}190$. Zieht man von dieser Zahl das Atomgewicht des Silbers 107,88 und das vierfache Atomgewicht des Sauerstoffs $(4 \cdot 16)$ ab, so ergibt sich für das Atomgewicht des Rheniums der Wert **186,31**.

Andere vielfach angewendete Verfahren bestehen darin, daß man eine gewogene Menge des Oxyds zum Element reduziert und das Gewichtsverhältnis zwischen Oxyd und Element ermittelt oder die Chlorverbindung des Elements mit Silbernitrat zu Silberchlorid umsetzt und die verbrauchte Silbermenge feststellt. Aus dem Gewichtsverhältnis Chlorid:Ag läßt sich analog dem obigen

Beispiel das Atomgewicht berechnen. Für chemische
Atomgewichtsbestimmungen ist erforderlich, daß die
Ausgangsverbindung eine absolut konstante chemische
Zusammensetzung hat und daß ein Element dieser Verbindung sich quantitativ in eine andere Verbindung überführen läßt. Sind diese Bedingungen nicht erfüllt, so
ist das Ergebnis der Messung zweifelhaft. Forscher, die
sich mit Atomgewichtsbestimmungen beschäftigen, müssen daher eifrig nach geeigneten Verbindungen und zu-
verlässigen Reaktionen suchen. Die experimentelle Atomgewichtsbestimmung erfordert sehr viel Sorgfalt und
peinliche Sauberkeit im chemischen Arbeiten. Andere
Methoden der Atomgewichtsbestimmung unterscheiden
sich von der beschriebenen nur dadurch, daß das Molekulargewicht der Ausgangsverbindung auf anderem Wege
(z. B. durch Gasdichtemessungen) bestimmt wird.

Auf einem ganz anderen Prinzip beruht die physikalische Methode des Engländers Aston, durch die nicht
das tatsächliche Atomgewicht, sondern die Atomgewichte
der einzelnen Isotopen in Erscheinung treten. Die von
Aston ersonnene Methode beruht darauf, daß man eine
flüchtige Verbindung des zu untersuchenden Elements
durch elektrische Aufladung in positiv geladene Strahlen
umwandelt und diese magnetisch und elektrisch ablenkt.
Die photographisch festgestellte Ablenkung ergibt die
relative Masse der Teilchen, die man mit einer Eich-
substanz vergleicht. Die nach diesem Prinzip aufgebaute
Apparatur nennt man den Astonschen Massenspektro-
graphen. Man erhält so mittels der Astonschen Meßweise
die Atomgewichte der einzelnen Isotopen. Bei der Untersuchung des Rheniums z. B. fand Aston, daß dieses
Element aus zwei Isotopen besteht, die das Atomgewicht

185 und 187 aufweisen. Das Verhältnis der Atomhäufig-
keiten von 185 und 187 ist 1:1,62. Daraus berechnete
Aston das Atomgewicht des Rheniums zu 186,22 in
befriedigender Übereinstimmung mit dem auf chemischem Wege ermittelten Wert.

Es wurde bereits darauf hingewiesen, daß der Chemiker zur mathematischen Erfassung der Grundbegriffe
relative Zahlen benutzt. So z. B. wurde das Atomgewicht
als eine Verhältniszahl definiert; das Molekulargewicht
ist, wie wir noch erfahren werden, die Summe dieser
relativen Atomgewichte usw. Man hat solche einfache
Zahlen eingeführt, um praktischer und anschaulicher
rechnen zu können. Der tiefer schürfende Wissenschaftler begnügt sich jedoch nicht mit Gesetzmäßigkeiten
auf konventioneller Grundlage, sondern erstrebt, zu den
wahren Zahlen vorzudringen. Er will z. B. erfahren, wie
schwer ein Wasserstoffatom in Wirklichkeit ist, wieviel
Atome in einem Mol enthalten sind usw. Um das Gewicht
von Atomen berechnen zu können, muß man die Anzahl
der Atome in einem Grammatom (d. s. so viel Gramm
eines Elements, wie sein Atomgewicht angibt) kennen.
Nach dieser Zahl hat bereits Loschmidt 1865 geforscht.
Man kennt heute mehrere Methoden, nach denen man die
Loschmidtsche Zahl bestimmen kann. Als wahrschein-
lichster Wert gilt zur Zeit $6{,}023 \cdot 10^{23}$. Ein Wasserstoffatom wiegt dann also $1{,}008/6{,}023 \cdot 10^{23} = 1{,}662 \cdot 10^{-24}$ g.
$6{,}023 \cdot 10^{23}$ frei bewegliche Atome („Moleküle") nehmen
bei 0^0 und 760 mm Hg-Druck ein Volumen von 22,415 l
ein. In 22,415 l eines Gases sind demnach unter Normal-
bedingungen so viel Gramm des Stoffes enthalten, wie
sein „Molekulargewicht" angibt. Darauf werden wir im
nächsten Hauptteil noch zurückkommen.

4*

Der Nachweis des Vorhandenseins und die Bestimmung von Ordnungszahl und Atomgewicht sind die grundlegenden Feststellungen, die der forschende Chemiker an unbekannten Elementen vornimmt. Erst in zweiter Linie interessiert ihn die Erforschung aller weiteren physikalischen und chemischen Eigenschaften des neuentdeckten Elements.

Entdeckungsgeschichte einiger Elemente.

Man hat versucht, die Entdeckungen einzuteilen in Entdeckungen des Zufalls, der Arbeit und des Genies. Wenn man auch nicht alle in diese drei Gruppen zwanglos einordnen kann, so kommt man bei näherer Nachprüfung doch zu der Erkenntnis, daß bei allen Entdeckungen einer dieser drei Faktoren mehr oder weniger beherrschend hervortritt. Dies ist auch bei der Entdeckung der Elemente der Fall. Die Auffindung des Phosphors war z. B. eine Entdeckung des Zufalls, die des Rheniums oder Germaniums eine der Arbeit und die des Argons eine des Genies.

Der Phosphor wurde von dem Alchemisten Brand in Hamburg 1669 erstmalig isoliert, als er einen Stoff herstellen wollte, der Silber in Gold verwandeln könnte. Er dampfte zu diesem Zweck Harn zur Trockne ein und glühte den Rückstand unter Luftabschluß. Aus dem Phosphorsalz des Harns bildete sich zunächst Metaphosphat und aus diesem durch die reduzierende Wirkung der verkohlten organischen Stoffe freier Phosphor. Dieser fiel durch sein Leuchten auf, so daß Brand sich seiner Entdeckung bewußt wurde. Obwohl Brand den Phosphor noch nicht als „Element" erkannt hatte, hatte

ihm doch der Zufall ein neues Element in die Hände ge-
spielt. Erst etwa 90 Jahre später wurde die viel leichter
zugängliche Phosphorsäure durch Marggraf entdeckt.

Die Auffindung des Rheniums ist eine Entdeckung
der Arbeit. An der Entdeckungsgeschichte dieses Elements kann man recht deutlich ersehen, wie Fleiß, Ge-
wissenhaftigkeit, Ausdauer und systematisches Experimentieren zum wissenschaftlichen Erfolg führen. I. und
W. Noddack begannen 1922 sich mit der Suche nach dem
Element 75 zu beschäftigen. Da noch nie eine Spur von
diesem Element in Erscheinung getreten war, nahmen die
beiden Forscher an, daß es sehr selten sein müsse und
demnach wahrscheinlich erst nach einem Anreicherungsverfahren durch unsere chemischen und physikalischen
Nachweismethoden erfaßt werden könne. Sie stellten
nach den Gesetzmäßigkeiten im Periodischen System eine
„Prognose" der physikalischen und chemischen Eigenschaften des Elements auf und arbeiteten sich darauf
fußend ein Anreicherungsverfahren aus. (Aus der erfolg-
reichen Anwendung dieser Prognose geht recht deutlich
hervor, welchen Nutzen das Periodische System dem
Forscher bringt, wenn er es zu lesen und zu deuten versteht.) Nach zweijähriger eifriger Untersuchung verschiedener Mineralien war noch kein positives Resultat
erzielt. Erst ein weiteres Jahr darauf (1925) gelang es den
Forschern, im Gadolinit das Rhenium röntgenspektroskopisch sicher nachzuweisen, nachdem es um das 10^5-
fache angereichert worden war. Ein halbes Jahr nach
Veröffentlichung der Entdeckung setzte eine Diskussion
mit anderen Forschern ein, die die Realität der Entdeckung bestritten. Nun galt es, die Entdeckung durch
Isolierung des Elements zu beweisen. Im Jahre 1926

gelang es den beiden Forschern, aus einigen Kilogramm besonders geeigneter Erdenmineralien 2 mg des Elements darzustellen. 1927 wurden durch Anreicherung aus Mineralien 120 mg gewonnen. An dieser Menge konnte bereits eine Reihe physikalischer und chemischer Eigenschaften des Rheniums studiert und die in der Prognose vorausgesagten Eigenschaften nachgeprüft werden. Mit finanzieller Unterstützung durch die Industrie gelang 1928 die Darstellung von 1 g Rhenium aus 660 kg Molybdänglanz. 1929 wurden noch weitere 1,7 g Rhenium gewonnen. Seit 1930 wird das Metall bereits technisch dargestellt. So haben die Forscher trotz aller Anzweiflungen ihre Entdeckung realisiert. Die systematische zielbewußte Arbeit hatte den Forschern den Erfolg gebracht.

Ein weiteres Beispiel für eine „Entdeckung der Arbeit" ist die Auffindung des Germaniums. Clemens Winkler fand bei mehrfach wiederholten Totalanalysen des Minerals Argyrodit einen Fehlbetrag von 6—7%. Er schloß daraus, daß in dem Mineral ein unbekanntes Element vorhanden sein müsse, das dem normalen Analysengang entgeht. Nach längerem Suchen nach der Ursache des Fehlbetrags fand er 1886 das Germanium. Das Beispiel zeigt, wie gewissenhaftes Studium von irgendwelchen Unstimmigkeiten zu bedeutungsvollen Entdeckungen führen kann.

Die Entdeckung des Argons ist die Leistung eines Genies. Schon vor mehr als 100 Jahren hat Cavendish beobachtet, daß beim Durchschlagen elektrischer Funken durch ein Gemisch von Stickstoff und Sauerstoff über Ätzkali stets ein Rest hinterbleibt, der sich nicht mehr in Salpeter überführen läßt. Auch Bunsen hatte bei Nachprüfung dieser Versuche die Angabe bestätigt, aber nicht die Konsequenzen daraus gezogen. So sind zwei berühmte Forscher an der Entdeckung des Argons vorübergegangen, ohne darauf zu stoßen. Erst Rayleigh hatte 1893 die Intuition, in dem Gasrest ein neues Element zu vermuten, als er beim Vergleich der Gasdichten von Luftstickstoff und chemisch reinem Stickstoff auf die Gegenwart eines unbekannten spezifisch schwereren Gases aufmerksam wurde. Die Entdeckung gelang ihm dann 1894 gemeinsam mit Ramsay.

Eine Gruppierung der Entdeckungen läßt sich auch chronologisch durchführen, nämlich in vorzeitige, rechtzeitige und unverhoffte. Der vorzeitige Entdecker eilt seiner Zeit voraus. Seine Entdeckung wird von der Mitwelt nicht verstanden und beachtet, um erst später von einem anderen Entdecker zur rechten Zeit „neu-entdeckt" den Siegeszug anzutreten.

Die zahlreichsten Entdeckungen erfolgen zur rechten Zeit. Sie werden von der Fachwelt vorausgesehen, erwünscht und erscheinen demnach nicht als besonders bedeutende Leistung des Entdeckers, sondern als ein sich zwangläufig ergebender Fortschritt der Wissenschaft. Derartige Entdeckungen werden, da sie für ihre Zeit „reif" sind, meist von mehreren gleichzeitig und unabhängig voneinander gemacht. Die Folge davon sind dann die wenig erfreulichen Prioritätsstreitigkeiten unter den Forschern. Die Entdeckung des Sauerstoffs ist beispielsweise eine rechtzeitige Entdeckung. Der Sauerstoff, der eine ungewöhnlich lange Vorgeschichte hat, wurde von Scheele, Priestley, Lavoisier und Cavendish fast gleichzeitig und unabhängig voneinander entdeckt.

Die für den Fortschritt am bedeutungsvollsten Entdeckungen sind die unverhofften. Meist ist der Entdecker über seine neue Feststellung so erschüttert, daß er seinen Augen kaum traut. Es handelt sich stets um Entdeckungen, die selbst der tüchtigste Fachmann nicht vorausgeahnt hat. Sie werden aber von der Mitwelt verständnisvoll aufgenommen. Derartige Feststellungen werden nie von mehreren gleichzeitig gemacht. Nur besonders Begnadeten sind solche Entdeckungen vorbehalten. Die Auffindung des Radiums durch das Ehepaar Curie (1898) ist beispielsweise eine unerwartete Entdeckung eines Elements. Die sich daran anknüpfenden Untersuchungen über Radioaktivität und Atomzerfall brachten eine völlig neue Anschauung über die bisher als endgültig richtig angesehenen Begriffe von Element und Atom.

Entdeckungen mancher Elemente haben eine sonderbare, wenn nicht sogar tragische Geschichte. Das Masurium (Element 43) z. B., das von I. und W. Noddack gleichzeitig mit dem Rhenium entdeckt wurde, konnte angeblich wegen der fehlenden finanziellen Mittel bis heute noch nicht isoliert werden. Obwohl an der Realität der Entdeckung kaum zu zweifeln war, fehlte einstweilen die beweisende Bestätigung dieses neuen Fundes. Inzwischen ist aber die neueste Forschung zu der Erkenntnis gekommen, daß der Masuriumkern nicht stabil sein kann und daß demnach die Entdeckung des Masuriums unwahrscheinlich ist. Noch eigenartiger steht es um das Element 61. Dieses wurde angeblich schon 1922 von Hadding röntgenspektroskopisch im Fluocerit festgestellt. Einige Zeit später zog Hadding die Behauptung zurück und gab zu, daß er einem Irrtum erlegen war. 1926 teilten Hopkins, Yntema und Harries mit, daß sie bei der Fraktionierung von Neodym- und Samariumsalzen durch Aufnahme des optischen Spektrums Spuren des Elements 61 nachgewiesen hätten. Sie glaubten auch, röntgenspektroskopisch den Nachweis für das Vorhandensein des Elements 61 erbracht zu haben, und nannten es nach dem Staate Illinois „Illinium". Fast gleichzeitig zeigten Rolla und Fernandes in Florenz an, daß sie die gleiche Beobachtung schon eher gemacht hätten, nahmen die Priorität für sich in Anspruch und nannten das Element „Florentium". Eine Nachprüfung der Entdeckungen durch mehrere Forschungsstätten ergab, daß sie nicht reproduzierbar sind, das Element 61 bisher also noch nicht als entdeckt betrachtet werden kann. So hat das Element 61 bereits zwei Namen, ist aber in Wirklichkeit noch nicht entdeckt.

Stellen wir eine Betrachtung an, welches das Schicksal der Entdecker ist, so kommen wir zu dem Schluß, daß der unverhoffte Entdecker der glücklichste ist. Er wird bald anerkannt und gewürdigt und hat nicht unter Prioritätsstreitigkeiten zu leiden. Der rechtzeitige Entdecker ist schon übler daran. Er muß um die Anerkennung seiner Entdeckung erst ringen und seine Priorität glaubhaft machen. Der Wert seiner Entdeckung wird meist nicht hoch eingeschätzt, weil sie bereits vorausgeahnt wurde. Das bitterste Schicksal erlebt der vorzeitige Entdecker. An ihm geht die Zeit vorüber, er wird nicht verstanden, ja man verlacht und verachtet ihn sogar. Die Geschichte der Entdeckung spiegelt gleichzeitig der Schicksalsweg einzelner Menschen wider.

II. Hauptteil: Verbindung.

Der Begriff der Verbindung.

1. Definition.

Reagieren zwei oder mehrere Elemente miteinander, so entstehen daraus Körper, deren Eigenschaften von denen der Ausgangselemente verschieden sind. Solche Stoffe nennt man chemische Verbindungen. Während ein Gemisch fester Stoffe ein heterogenes (verschiedenartiges) Gebilde ist, zeichnet sich die chemische Verbindung durch ihr homogenes (gleichartiges) Gefüge aus. An dem Beispiel Eisen/Schwefel sei dies erläutert: Mischt man 56 g Eisenpulver mit 32 g gepulvertem Schwefel, so erhält man ein gelbgraues Gemisch, dem man schon bei genauem Betrachten ansehen kann, daß es in sich uneinheitlich ist. Durch einfache Verfahren läßt sich das Gemisch in seine Komponenten zerlegen; beispielsweise kann man mit einem Magneten das Eisenpulver entfernen oder mittels Schwefelkohlenstoffs den Schwefel herauslösen. Erhitzt man nun dieses Gemisch, so erfolgt unter Erglühen eine Reaktion zwischen den beiden Elementen und es bildet sich eine schwarze, poröse Masse, Schwefeleisen oder Eisensulfür genannt. Beim Betrachten unter dem Mikroskop sieht man, daß sie einheitlich ist. Vom Magneten wird die Masse nicht angezogen, im Schwefelkohlenstoff ist sie unlöslich. Versetzt man sie aber mit verdünnter Säure, so entweicht ein nach faulenden Eiern

riechendes giftiges Gas, Schwefelwasserstoff. Die durch
Reaktion zweier Elemente entstandene Verbindung zeigt
also in physikalischen und chemischen Eigenschaften
deutliche Unterschiede gegenüber ihren Ausgangselementen. Chemische Verbindungen zeichnen sich im Gegensatz zum Gemisch durch folgende Kriterien aus: sie
haben einen konstanten Schmelzpunkt und einen ebenfalls feststehenden Siedepunkt, ferner eine für sie typische
Kristallform. Nicht immer sind aber alle drei Kriterien
vorhanden. So gibt es z. B. chemische Verbindungen,
die nur im festen Zustand beständig sind und demnach
keinen konstanten Siedepunkt aufweisen können. Die für
alle Verbindungen geltende Gesetzmäßigkeit ist jedoch
die der konstanten Zusammensetzung. In der chemischen Verbindung ist das Gewichtsverhältnis
der Bestandteile stets dasselbe. Die Elemente
vereinigen sich miteinander im einfachen oder
ganzzahligen vielfachen Mengenverhältnis ihrer
Atomgewichte. (Gesetz der konstanten und multiplen
Proportionen.) 56 g Eisen benötigen zur Bildung von
Schwefeleisen genau 32 g Schwefel, da das Atomgewicht
des Eisens 56 und das des Schwefels 32 ist. Ist ein Element befähigt, mit einem anderen mehrere Verbindungen
einzugehen, so besteht für jede dieser Verbindungen ein
konstantes Gewichtsverhältnis und die Menge des
anderen Elements in diesen Verbindungen steht im Verhältnis einfacher ganzer Zahlen. Eisen bildet beispielsweise mit Chlor zwei Verbindungen. Bei der ersten entfallen auf 56 g Eisen 70,92 g Chlor ($FeCl_2$), bei der
zweiten 106,38 g ($FeCl_3$). Die Chlorgehalte in den beiden
Verbindungen verhalten sich demnach wie 2 zu 3. Um
einen Stoff als chemische Verbindung ansprechen zu

können, muß die Zusammensetzung innerhalb eines
Druck- und Temperaturintervalls konstant sein. Eine
20proz. wäßrige Lösung von Chlorwasserstoff weist
unter Atmosphärendruck einen konstanten Siedepunkt
von 110° auf, bei dem die Lösung unzersetzt abdestilliert.
Die Zusammensetzung entspricht der Formel HCl +
8 H$_2$O. Und doch kann man die wäßrige Lösung nicht
als Verbindung ansprechen, weil die Zusammensetzung
nicht innerhalb eines Druckintervalls konstant bleibt.
Destilliert man nämlich die Lösung unter Druck oder
im Vakuum, so geht eine wäßrige Lösung über, deren
Gehalt nicht mehr der Zusammensetzung HCl + 8 H$_2$O
entspricht. Wir definieren daher folgendermaßen: Chemische Verbindungen sind Stoffverbände mit
konstanter Zusammensetzung, die innerhalb bestimmter Temperatur- und Druckdifferenzen
ihre Zusammensetzung nicht ändern.

2. Molekül.

Während der denkbar kleinste, nicht mehr in gleichartige Bestandteile zerlegbare Masseteil eines Elements
Atom heißt, führt das kleinste frei bewegliche Teilchen
(einer Verbindung oder eines Elements) den Namen
Molekül. Ein Molekül von Methan (CH$_4$) besteht aus
einem Kohlenstoffatom und vier Wasserstoffatomen;
ein Molekül Schwefelsäure (H$_2$SO$_4$) aus zwei Wasserstoffatomen, einem Schwefelatom und vier Sauerstoff-
atomen. Praktisch kommen solche Moleküle im gasförmigen Zustand und in Lösungen frei vor. Im festen
Zustand sind die Moleküle zu größeren Verbänden zu-
sammengelagert. Wie zwei verschiedenartige Atome sich
zu einem Molekül vereinigen können, sind vereinzelt

auch gleichartige Atome befähigt, sich zu einem Molekül zusammenzulagern. Man spricht dann von gleich-atomigen Molekülen. Die bekannten gasförmigen Elemente Wasserstoff, Sauerstoff, Stickstoff und Chlor z. B. befinden sich unter normalen Umständen zu je zwei Atomen vereint im molekularen Zustand, wie man durch Messungen der Gasdichte einwandfrei nachweisen kann. Daher schreibt man die Symbole für diese Gase nicht H, O, N, Cl, sondern H_2, O_2, N_2 und Cl_2. Die Edelgase und die Metalle hingegen sind im Dampfzustand stets einatomig. Ihre Moleküle bestehen nur aus einem Atom. Die Symbole für diese gasförmigen Elemente sind daher Ar, Kr, He, Hg, Zn und nicht Ar_2, Kr_2 usw. Die Definition des Moleküls besitzt folgende Formulierung: Ein Molekül ist der kleinste im gasförmigen Zustand oder in Lösung frei bewegliche Massenteil eines Stoffes (Verbindung oder Element).

Wie zum Atom als relatives Maß das Atomgewicht gehört, tritt als relative Gewichtsangabe zum Molekül das Molekulargewicht. Das Molekulargewicht einer Verbindung ist die Summe der Atomgewichte. Es ist gleich der Gasdichte eines Stoffes bezogen auf Sauerstoff $= 32,0000$ oder Wasserstoff $= 2,0162$. Ganz unabhängig von der Zusammensetzung einer Verbindung kann das Molekulargewicht auf verschiedenen Wegen ermittelt werden. So z. B. durch Messung der Gasdichte. Dieses Verfahren kommt vorteilhaft in Frage, wenn die zu untersuchende Verbindung ein Gas ist oder leicht in den Gaszustand überführbar ist. Die Gasdichtemessung basiert auf dem allgemeinen Gasgesetz, das aussagt, daß Druck mal Volumen eines Gases dividiert durch die absolute Temperatur gleich ist dem Gewicht mal einer Konstanten. Bei einem Volumen von 22,415 l, einer Temperatur von 0^0 C ($273,2^0$abs.) und einem Druck von 760 mm Hg wiegt die Gasmenge genau ein Mol, d. h. soviel Gramm, wie das Molekulargewicht angibt. In der Formel ausgedrückt besagt das Gesetz:

$$\frac{p_0 \,\text{(Druck 760 mm)} \cdot V_0 \,\text{(Volumen 22,415 l)}}{T_0 \,\text{(Temperatur 273,2° absolut)}} =$$

$$= M \,\text{(Molekulargewicht)} \cdot R \,\text{(Konstante)}$$

Für jeden beliebigen Wert für Druck, Temperatur, Volumen oder Gewicht lautet die Gleichung:

$$\frac{p \,\text{(Druck)} \cdot V \,\text{(Volumen)}}{T \,\text{(Temperatur)}} = g \,\text{(Gewicht)} \; R \,\text{(Konstante)}$$

Dividiert man die Gleichungen durch einander, so fällt R heraus, und man erhält für das Molekulargewicht

$$M = \frac{V_0 \cdot p_0 \cdot T \cdot g}{V \cdot p \cdot T_0}.$$

Um das Molekulargewicht zu errechnen, muß man also vier Werte kennen, Druck, Temperatur, Volumen und Gewicht. Zur Messung der Gasdichte füllt man einen Behälter von bekanntem Volumen bei einer bestimmten Temperatur mit dem zu messenden gasförmigen Stoff bis zu einem bestimmten Druck und wägt hernach das Gas. Hierbei sind also Druck, Volumen und Temperatur gegeben und das Gewicht als Variable wird ermittelt. (Methode von Dumas und Regnault.) Man kann auch Druck, Temperatur und Gewicht konstant halten und das sich einstellende Volumen messen oder Volumen, Temperatur und Gewicht konstant halten und den Druck sich einstellen lassen (Methode von Menzies).

Die Methode der Molekulargewichtsbestimmung durch Gasdichtemessung ist, wie aus der Definition des Moleküls hervorgeht, nicht auf Verbindungen beschränkt, sondern ebenfalls zur Bestimmung des Molekulargewichts gasförmiger Elemente (O_2, H_2, N_2 usw.) anwendbar.

Bei Stoffen, die schwer vergasbar sind oder im gasförmigen Zustand bereits Zersetzung erleiden, greift man zu Methoden, die auf dem osmotischen Druck[1]) beruhen. Die für Gase geltende obige Gleichung läßt sich nach van't Hoff nämlich

auch auf Lösungen anwenden, wenn an Stelle des Gasdrucks
der osmotische Druck und an Stelle des Gasvolumens das
Volumen der Lösung gesetzt wird. Da aber die exakte Messung des osmotischen Drucks mit erheblichen experimentellen Schwierigkeiten verbunden ist, wählt man zur Messung
Effekte, die mit dem osmotischen Druck in enger Beziehung
stehen, nämlich die Dampfdruckerniedrigung (Methode von
Menzies), die Siedepunktserhöhung (Methode von Lands-
berger) und die Gefrierpunktserniedrigung (Methode von
Beckmann).

3. Chemische Namen- und Formelgebung.

Die Wahl des Namens und der symbolischen Ab-
kürzung für Elemente ist eine rein willkürliche. Das
Rhenium erhielt seinen Namen nach dem Rhein, das
Germanium nach dem Vaterland seines Entdeckers. Sobald
man aber die Namen und Symbole der Elemente für die
Kennzeichnung chemischer Verbindungen heranzieht, hört
die Willkür auf und eine streng wissenschaftliche Nomenklatur tritt an ihre Stelle. Wenn man für Eisenchlorid
die Formel $FeCl_3$ aufgestellt hat, so geschah dies, weil
Eisenchlorid nach der Analyse aus 1 Atom Eisen und
3 Atomen Chlor besteht (65 g Eisen $+ 3 \cdot 35{,}46$ g
Chlor). Chemische Formeln und Bezeichnungen sind
also nicht, wie in Laienkreisen meist angenommen
wird, willkürliche Abkürzungen und Decknamen, sondern für den Chemiker sehr aufschlußreiche Begriffe.
Die Nomenklatur hat im Laufe der Geschichte sich oftmals geändert, doch sind dies nur Äußerlichkeiten. Um
beim Beispiel Eisen/Chlor zu bleiben: Für die Verbindung $FeCl_3$ führte man früher die vom lateinischen
Sprachgebrauch abgeleitete Bezeichnung ferrum sesqui-
chloratum; das $FeCl_2$ wurde zum Unterschied hierzu
ferrum chloratum genannt. Diese lateinische Nomen-

klatur wird heute noch von Pharmazeuten und Medizinern häufig gebraucht. Später bürgerte sich die deutsche Bezeichnung ein. $FeCl_3$ heißt nach dieser Eisenchlorid, während $FeCl_2$ den Namen Eisenchlorür führt. Auch die halb lateinische, halb deutsche Namengebung ist noch in Anwendung. Nach dieser bezeichnet man $FeCl_3$ als Ferrichlorid oder Eisentrichlorid und $FeCl_2$ als Ferrochlorid oder Eisendichlorid. Um in einer Verbindung die Wertigkeit der Elemente besser zu kennzeichnen, ist die Valenznomenklatur eingeführt worden. $FeCl_3$ führt jetzt die Bezeichnung Eisen(III)chlorid (spr. Eisendreichlorid), während $FeCl_2$ entsprechend Eisen(II)-chlorid (spr. Eisenzweichlorid) heißt. Aus diesen Beispielen ersieht man, daß bei dem Namen einer chemischen Verbindung jeder Silbe eine begriffliche Bedeutung zukommt. Ebenso ist es bei der Formel. Die chemische Formel sagt dem Chemiker sehr viel. Aus der Formel $FeCl_3$ z. B. ersieht er, daß eine Verbindung von Eisen mit Chlor vorliegt, daß an 1 Atom Eisen 3 Atome Chlor gebunden sind, daß es sich um eine Verbindung des dreiwertigen Eisens handelt (auf Wertigkeit wird später näher eingegangen) und vieles andere mehr. Er kann auch nach kurzer Rechnung angeben, wieviel Prozent Eisen und Chlor in der Verbindung enthalten sind. Aus Analogieschlüssen ist sogar möglich, beim Anblick der Formel Wege zur Herstellung dieser Verbindung anzugeben und über die physikalischen und chemischen Eigenschaften ungefähre Angaben machen zu können. So ist die chemische Formel für den Chemiker ein unentbehrliches Hilfsmittel sowohl bei der Forschung als auch bei der praktischen Anwendung im Laboratorium und im Fabrikbetrieb.

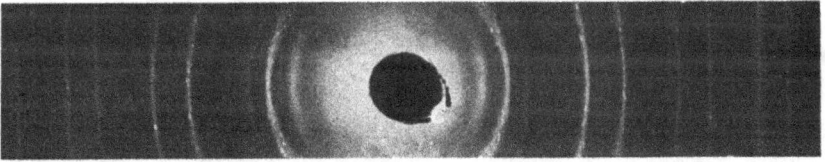

Abb. 10. Debye-Scherrer-Aufnahme von Zinkblende (ZnS).

Abb. 11a. Debye-Scherrer-Aufnahme von Kupfer.

Abb. 11b. Debye-Scherrer-Aufnahme von Aluminium.

Abb. 11c. Debye-Scherrer-Aufnahme von CuAl.

LOTHAR MEYER (1830—1895).

Meyer stellte (gleichzeitig und unabhängig von Mendelejeff) das Periodische System der Elemente auf und brachte damit Systematik und Übersicht in das chemische Wissen.

Dem Leser wird das Eindringen in die chemische Gedankenwelt sicherlich sehr erleichtert, wenn er mit einigen allgemeinen Bezeichnungen chemischer Verbindungen vertraut gemacht wird. Zunächst seien einige häufig vorkommende Endsilben hinter chemischen Namen erwähnt, z. B. -id, -it, -at, -ür und Zwischensilben wie -per-, -sub- usw. Die Endsilbe -id (z. B. Eisenchlorid) besagt stets, daß es sich um eine einfache, unter normalen Umständen sich leicht bildende Verbindung handelt. Beim System Eisen/Chlor ist dies das $FeCl_3$, beim System Kupfer/Chlor das $CuCl_2$. Verbindungen, die weniger des zweiten Elements enthalten, werden durch die Endsilbe -ür gekennzeichnet (Eisenchlorür $FeCl_2$, Kupferchlorür $CuCl$). Den gleichen Unterschied führt man bei den Sauerstoffverbindungen (Oxyden) durch die Endsilben -yd und -ydul (Kupferoxyd CuO, Kupferoxydul Cu_2O) durch. Bei Verbindungen, die neben zwei Elementen auch noch Sauerstoff enthalten, treten weitere Endungen hinzu. An dem System Na/S/O sei dies erläutert: Na_2S führt den normalen Namen Natriumsulfid; im Gegensatz dazu heißt die Verbindung Na_2SO_3 Natriumsulfit, und Na_2SO_4 ist mit dem Namen Natriumsulfat belegt. Verbindungen mit der Endsilbe -at besitzen stets mehr Sauerstoff als die mit -it. Verbindungen, die noch mehr Atome als gewöhnlich von einem Element enthalten, bekommen die Zwischensilbe -per- (z. B. Natriumperoxyd Na_2O_2 und Kaliumpermanganat $KMnO_4$ im Gegensatz zu Natriumoxyd Na_2O und Kaliummanganat K_2MnO_4), solche, die weniger, als der üblichen Norm entspricht, davon besitzen, die Zwischensilbe -sub- (z. B. Uransubsulfid U_4S_3 im Gegensatz zu Uransulfid US_2). Weitere Anomalitäten in der Formelbildung werden durch andere Silben wie hypo, ortho, pyro, meta usw. gekennzeichnet.

Viel wichtiger zum allgemeinen Verständnis dürften jedoch die allgemeinen Bezeichnungen Säure, Base, Salz, Anhydrid, Doppelsalz, Alkohol, Ester und Äther sein, die wir in kurzen Definitionen kennenlernen wollen.

Eine Säure ist eine chemische Verbindung, die in wäßriger Lösung als positive Ionen nur H-Ionen abspaltet (Chlorwasserstoffsäure HCl, Schwefelsäure H_2SO_4). Rein äußerlich zeichnet sie sich dadurch aus, daß sie sauer schmeckt, blaues Lackmus rötet und mit Basen Salze bildet.

Eine Base (auch Lauge oder Hydroxyd genannt) ist eine chemische Verbindung, die in wäßriger Lösung als negative Ionen nur OH-Ionen abspaltet (Natriumhydroxyd NaOH, Kalziumhydroxyd $Ca(OH)_2$). Basen kennzeichnen sich äußerlich dadurch, daß sie rotes Lackmus bläuen. Sie bilden mit Säuren Salze.

Ein Salz ist eine Verbindung, die durch Vereinigung von Säure und Base meist unter Wasserabspaltung entsteht. Es enthält demnach einen Säure- und einen Basenrest (Natriumchlorid NaCl, Kalziumsulfat $CaSO_4$). Salze reagieren gegenüber Lackmus bis auf einige Ausnahmen neutral.

Ein Anhydrid ist eine Verbindung, die aus einer anderen durch Wasserabspaltung entstanden ist, z. B. Kohlensäureanhydrid CO_2 (aus H_2CO_3 minus H_2O entstanden).

Ein Doppelsalz ist eine Verbindung, die im kristallisierten Zustand aus zwei Salzen besteht, in wäßriger Lösung dagegen in seine Komponenten zerfällt, z. B. Kaliumaluminiumsulfat $K_2SO_4 \cdot Al_2(SO_4)_3$.

Ein Alkohol ist eine organische Verbindung, die die OH-Gruppe an eine organische Molekülgruppe gebunden hält (Äthylalkohol C_2H_5—OH, Methylalkohol CH_3—OH). Alkohole sind Wassermoleküle, bei denen 1 H-Atom durch einen organischen Rest ersetzt ist. Sie reagieren ähnlich wie Basen mit Säuren unter Wasserabspaltung und bilden hierbei Ester.

Ein Ester ist eine organische Verbindung, die aus einer Säure und einem Alkohol unter Wasserabspaltung entsteht. Ester enthalten demnach einen Säure- und einen Alkoholrest (Schwefelsäuremethylester $O_2S(OCH_3)_2$, Essigsäureäthylester $CH_3COOC_2H_5$). Sie ähneln in ihrer Funktion den Salzen.

Ein Äther ist eine organische Verbindung, die zwei organische Molekülgruppen an den Sauerstoff gebunden hält. (Äthyläther C_2H_5—O—C_2H_5, Methyläthyläther CH_3—O—C_2H_5). Ein Äther ist also ein Wassermolekül, bei dem beide H-Atome durch organische Reste ersetzt sind.

Diese Definitionen dürften für das Verständnis der weiteren Kapitel ausreichen.

4. Anorganische und organische Verbindungen.

Seit langem teilt man die chemischen Verbindungen in anorganische und organische ein. Als anorganische (unorganische) galten die Verbindungen der toten Materie, also vor allem die der Metalle, und als organische die Substanzen, die angeblich nur der lebende Organismus zu erzeugen vermag, z. B. Zucker, Harnstoff, also Verbindungen des Kohlenstoffs. Man nahm früher an, daß zum Aufbau der organischen Verbindungen eine besondere Kraft nötig ist, die nur der lebenden Zelle innewohnt. Nachdem nun Wöhler im Jahre 1828 Harnstoff künstlich herzustellen vermochte, ist die früher wissenschaftlich begründete Grenze zwischen anorganischer und organischer Chemie gefallen. Und dennoch hat man an dieser Einteilung bis heute festgehalten. Man definiert heute die organische Chemie als die Chemie der Kohlenstoffverbindungen, wobei vornehmlich an die Verbindungen mit Wasserstoff gedacht ist. Die anorganische Chemie umfaßt die Verbindungen aller anderen Elemente. Der Kohlenstoff zeichnet sich vor den anderen Elementen durch die Fähigkeit aus, in Verbindungen mehrere Kohlenstoffatome miteinander verketten zu können (z. B. Äthan C_2H_6, Dekan $C_{10}H_{22}$). Dadurch steigt die Zahl der Verbindungsmöglichkeiten nahezu ins Unendliche. Aus diesem Grunde faßt man die organischen Verbindungen immer noch zu einem eigenen Gebiet zusammen. Die Fähigkeit der Kettenbildung ist in beschränktem Maße auch bei einigen anderen Elementen vorhanden, so z. B. beim Bor und Silizium, doch

5*

ist bei diesen die Anzahl der Verbindungen so gering, daß eine gesonderte Gruppierung überflüssig ist. Eine weitere Eigenheit der organischen Verbindungen besteht darin, daß zwischen den Kohlenstoffatomen außer der einfachen Bindung auch doppelte (z. B. Äthylen $H_2C = CH_2$) und dreifache (z. B. Azetylen $HC \equiv CH$) auftreten können, daß ferner die Aneinanderreihung der Kohlenstoffatome in Ketten- (Zucker) und Ringform (Benzol) möglich ist.

Die organischen Verbindungen zeichnen sich zudem durch besondere physikalische und chemische Eigenschaften aus: sie sind meist elektrische Nichtleiter (Nichtelektrolyte), in Wasser schwer löslich, bei hohen Temperaturen unbeständig und gegen chemische Einflüsse wenig widerstandsfähig. Aus diesem Grunde nimmt außer der Vielzahl an Verbindungen die organische Chemie auch in methodischer Hinsicht eine Sonderstellung ein.

Einzelne Verbindungen des Kohlenstoffs bilden einen gewissen Übergang von organischer zu anorganischer Chemie und lassen die markanten Eigenschaften der organischen Verbindungen nicht mehr scharf erscheinen. So haben Kohlenoxyd (CO), Kohlendioxyd (CO_2), Kohlensäure (H_2CO_3), Phosgen ($COCl_2$) sowie die Karbonate und Karbide so viele Beziehungen zum anorganischen Gebiet, daß sie gewöhnlich im Rahmen der anorganischen Verbindungen besprochen werden.

Nachweis einer Verbindung.

1. Möglichkeiten des Nachweises.

Der vorausgehende Abschnitt hat als das markanteste Kriterium der Verbindung die konstante chemische Zusammensetzung in den Vordergrund gestellt. Es ist einleuchtend, daß man zum Nachweis einer neuen chemischen Verbindung diese Eigenart der Verbindungen bevorzugt heranziehen wird. Und so ist es für den gewissenhaften Forscher eine Selbstverständlichkeit, daß er zur Totalanalyse, d. h. zur quantitativen Bestimmung aller Elemente, schreitet, wenn er auf Grund irgendwelcher Anzeichen glaubt, eine einheitliche Verbindung in den Händen zu haben. Das dem einfachen oder ganzzahlig vielfachen Gewichtsverhältnis der Elemente entsprechende Analysenergebnis wird besonders dann beweiskräftig erscheinen, wenn man eine Verbindung nach verschiedenen Verfahren hergestellt hat und stets zum gleichen Analysenresultat gekommen ist. Die Analyse, die klassische Methode der chemischen Forschung, ist auch heute im Zeitalter der physikalisch-chemischen Denkweise das unentbehrliche Rüstzeug des forschenden Chemikers.

Eine zweite Eigenschaft der Verbindung, der konstante Siedepunkt, läßt sich ebenfalls zur Identifizierung einer Verbindung heranziehen. Besonders in der organischen Chemie, in der weit mehr chemische Verbindungen bei Zimmertemperatur als Flüssigkeiten vorliegen als in der anorganischen, wird der Siedepunkt zur Kennzeichnung einer neuen Verbindung benutzt. Eine reine chemische Verbindung (ebenso ein reines Element) destilliert bei der Siedetemperatur restlos über. Zu Beginn der Destillation zeigt also das Thermometer die gleiche Temperatur an wie bei Beendigung derselben. Ein unreiner Stoff dagegen, oder was das gleiche ist, ein Gemisch, zeigt keinen konstanten Siedepunkt, vielmehr steigt während der Destillation die Temperatur an. Hat also der Chemiker aus einem Reaktionsgemisch durch

Destillation eine Flüssigkeit isoliert, die beim nochmaligen Abdestillieren einen konstanten Siedepunkt aufweist, dann ist dies ein sicheres Anzeichen für ihn, daß
er einen einheitlichen Körper vor sich hat.

Der konstante Schmelzpunkt, der im letzten
Abschnitt bereits erwähnt wurde, ist ein weiterer Prüf-
stein für chemische Verbindungen. Jeder Stoff (Verbindung oder Element) besitzt, wenn er rein ist, einen
feststehenden Schmelz- bzw. Erstarrungspunkt[2]). Beim
Erhitzen schmilzt die Substanz beim Schmelzpunkt
plötzlich zusammen; beim Abkühlen erstarrt sie bei der
gleichen Temperatur vollständig. Ein Gemisch dagegen
schmilzt und erstarrt innerhalb eines Intervalls von
mehreren Graden. Am Wasser sei dies gezeigt: Reines
Wasser schmilzt und erstarrt bekanntlich bei 0^0 C. Un-
reines dagegen beginnt etwas unterhalb 0^0 fest zu werden,
und während des Fortschreitens der Erstarrung sinkt
die Temperatur dauernd etwas ab. Umgekehrt steigt sie
während des Schmelzprozesses langsam an.

Auch das Auftreten von Kristallen zeigt dem
Chemiker an, daß er es mit einem einheitlichen Körper
zu tun hat. Wie die Elemente im festen Zustand bestimmte Kristallformen aufweisen, kristallisieren auch
die Verbindungen in bestimmten Formen. Wenn beim
Abkühlen einer gesättigten Lösung oder einer Schmelze
sich Kristalle von einheitlicher Form ausscheiden, so
weist dieser Befund auf das Vorhandensein einer Verbindung (oder eines Elements) hin. Ein Gemisch hingegen scheidet stets verschiedene Kristallformen nebeneinander ab.

An dieser Stelle sei eingefügt, daß ein und derselbe Stoff
(Element oder Verbindung) auch in verschiedenen Kristall-

formen (Modifikationen) vorkommen kann. Das Zinn z. B. ist in zwei Modifikationen existenzfähig. Oberhalb $+18^0$C findet es sich in der bekannten metallischen Form (tetragonal), unterhalb $+18^0$ wandelt es sich in die graue nichtmetallische Modifikation um. Quecksilberjodid (HgJ_2) kommt ebenfalls in zwei Formen vor. Oberhalb $+127^0$ ist die gelbe rhombische Form stabil, unterhalb dieser Temperatur ist es in der roten tetragonalen Modifikation zu erhalten. Mit dem Modifikationswechsel ändern sich auch die übrigen physikalischen Eigenschaften des Stoffes sprunghaft.

Außer den erwähnten Kriterien für chemische Verbindungen lassen sich alle Eigenschaften zum Nachweis heranziehen, soweit sich diese von denen des Gemisches merklich unterscheiden. So kann man z. B. die Bildung bestimmter Verbindungen (Kaliumpermanganat, Kupfersulfat, Nickelnitrat, Wolframsäure) an der typischen Färbung erkennen. Die Messung des spezifischen Gewichts (Dichte), des magnetischen Verhaltens, der elektrischen Leitfähigkeit und vieles andere mehr dient häufig zur Identifizierung einer Verbindung.

2. Nachweismethoden.

Im folgenden werden einige Methoden besprochen, die dann in Anwendung kommen, wenn das Auftreten einer Verbindung nicht durch die obenerwähnten Kriterien ohne weiteres beobachtet werden kann. Wenn z. B. die Verbindung und das Gemisch der Komponenten sich äußerlich wenig unterscheiden, so daß man an Farbe und Kristallform keine Unterschiede finden kann, oder wenn diese Stoffe so hoch schmelzen, daß die Schmelztemperatur nicht mehr genau gemessen werden kann, aus dem gleichen Grunde auch die Siedetemperatur nur schwer meßbar ist, oder die Stoffe nur zwischen engen

Temperatur- und Druckgrenzen existenzfähig sind, dann greift man zu folgenden Methoden:

Die Debye-Scherrer-Aufnahme.

Dies ist eine zweite Anwendungsmöglichkeit von Röntgenstrahlen zur Erforschung chemischer Probleme. Das Debye-Scherrer-Verfahren beruht auf der von v. Laue 1912 gemachten Erfahrung, daß Kristalle — ganz gleich, ob es sich um kristallisierte Elemente oder Verbindungen handelt — Röntgenstrahlen beugen. Es ist aus der Optik bekannt, daß Lichtstrahlen durch ein Gitter gebeugt werden können, wenn die Abstände benachbarter Teile des Gitters von ähnlicher Größenordnung sind wie die Wellenlängen des Lichts. Von Laue hat nun gefunden, daß Röntgenstrahlen, die, wie bereits erwähnt, auch elektromagnetische Schwingungen sind ähnlich wie das Licht, nur mit bedeutend kleinerer Wellenlänge, sich ebenfalls beugen lassen, wenn man ein Gitter benutzt, das zu der Wellenlänge der Röntgenstrahlen in passendem Verhältnis steht. Als geeignete Gitter fand v. Laue die Kristalle. Bei diesen sind, wie wir heute wissen, die Atome bzw. Moleküle in regelmäßigen Abständen zu einem räumlichen Gitter angeordnet. Hauy hatte dies bereits 1784 vorausgeahnt, indem er annahm, daß in einem Kristall durch regelmäßige Anordnung von „Kristallmolekülen" die charakteristischen Eigenschaften des makroskopischen Kristalls bereits vorgebildet sind. Läßt man also einen monochromatischen Röntgenstrahl (Röntgenstrahl bestimmter Wellenlänge) auf einen Kristall fallen, so erhält man auf einer dahinter aufgestellten Photoplatte Gitterspektren, die durch Interferenz der Röntgenstrahlen im Raumgitter des Kristalls entstanden sind.

Es läßt sich so der Bau des Kristalls weitgehend klarstellen. Abb. 8 auf Tafel V zeigt das Laue-Diagramm von Zinkblende (ZnS). Man sieht außer dem Durchstoßungspunkt des Röntgenstrahls eine Reihe von dunklen Flecken, aus deren Lage, Intensität und Symmetrieverhältnissen Schlüsse auf den Aufbau des Kristalls zulässig sind. Zu Laue-Aufnahmen sind etwa 1 mm lange, schön ausgebildete Kristalle erforderlich. Debye und Scherrer fanden nun 1916, daß eine Untersuchung kristalliner Stoffe mit Röntgenstrahlen auch möglich ist, wenn der kristalline Körper als Kristallpulver vorliegt. Hierzu wird das Präparat im Mittelpunkt einer zylindrischen Röntgenkamera (Abb. 9 auf Tafel V) mit monochromatischen Röntgenstrahlen belichtet, während es gleichzeitig um die vertikale Achse gedreht wird. An der Wandung der Kamera befindet sich der Film, der das Präparat in einem bestimmten Abstand zylindrisch umgibt. Die Beugung der Röntgenstrahlen an dem sich drehenden Kristallpulver erzeugt auf dem Film keine Punkte wie bei der Laue-Aufnahme, sondern gekrümmte Linien. Abb. 10 auf Tafel VI zeigt den aufgerollten Debye-Scherrer-Film von Zinkblende (ZnS). Man sieht um die kreisrunde Durchtrittsstelle des Röntgenstrahls herum in bestimmten Abständen Linien verschiedener Stärke. Auch aus diesen lassen sich weitgehende Folgerungen über den Bau des Kristalls ziehen, auf die hier aber nicht näher eingegangen werden soll, um den Überblick zu bewahren. Das Debye-Scherrer-Diagramm, dessen Linienzahl, -abstand und -intensität bei jedem kristallisierten Stoff verschieden ist, erlaubt einen sicheren Nachweis einer Verbindung. Nebenbei sei bemerkt, daß durch diese Aufnahmen auch ein Modifikationswechsel bei Elementen und Verbindungen verfolgt werden kann. An dem Beispiel Kupfer/Aluminium sei der Nachweis der Existenz einer Verbindung durch Debye-Scherrer-Aufnahmen erläutert. Kupfer zeigt ein Diagramm, wie es Abb. 11a auf Tafel VI darstellt. Aluminium gibt unter gleichen Aufnahmebedingungen ein Bild, wie es Abb. 11b auf Tafel VI veranschaulicht wird. Ein Gemisch von beiden Komponenten ergibt ein Diagramm, das die Linien beider Elemente nebeneinander zeigt. Sind die zwei Elemente durch Reaktion eine Verbindung (Formel CuAl) eingegangen, so erscheint bei der Debye-Scherrer-Aufnahme ein gänzlich anderes Diagramm (Abb. 11c auf Tafel VI). So läßt sich die Bildung nicht nur binärer (d. h. aus zwei Elementen bestehender), sondern auch komplizierterer Verbindungen durch dieses Verfahren leicht nachweisen. Bedingung ist nur, daß der Stoff in kristallisiertem Zustand vorliegt.

Die thermische Analyse.

Diese beruht auf der Erkenntnis, daß jeder reine einheitliche Stoff, sei es ein Element oder eine Verbindung, einen feststehenden Schmelzpunkt hat und daß durch Vermengung mit anderen Stoffen, falls eine gegenseitige Löslichkeit vorhanden ist, eine Erniedrigung des Schmelzpunktes eintritt. Die thermische Analyse wird man besonders dann anwenden, wenn die Schmelzpunkte der zu untersuchenden Körper in bequemem Meßbereich, also etwa zwischen -180^0 und $+2000^0$ C liegen und die Substanzen beim Schmelzpunkt noch keinen meßbaren Dissoziationsdruck (Dampfspannung infolge thermischer Zersetzung) besitzen. Sie ist wie die Debye-Scherrer-Aufnahme in ihrer Anwendung nicht nur auf binäre Verbindungen beschränkt. Ihr wichtigstes Anwendungs-

gebiet ist der Nachweis von Verbindungen, die die
Metalle untereinander bilden.

Die thermische Analyse wird in der Weise durchgeführt, daß man zwei Stoffe — Elemente oder Verbindungen — in verschiedenen Gewichtsverhältnissen miteinander mischt, die einzelnen Proben der Mischungsreihe

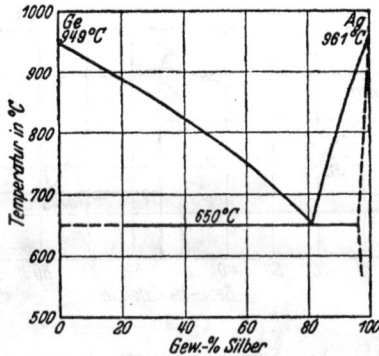

Abb. 12. Schmelzdiagramm Silber/Ger-
manium. Beispiel für ein Diagramm
zweier Stoffe, die k e i n e Verbindung
miteinander bilden.

zum Schmelzen bringt und die Abkühlungsgeschwindig-
keit verfolgt. Die bei den Messungen beobachteten Er-
starrungspunkte werden in Abhängigkeit von der Zusammensetzung graphisch dargestellt. Gehen zwei Stoffe
miteinander keine Verbindung ein, so sieht die Schmelz-
kurve so aus, wie sie das Beispiel Silber/Germanium
zeigt (Abb. 12). An dem Diagramm ist folgendes charakteristisch: die beiden Stoffe Silber (Ag) und Germanium (Ge) haben wie jeder reine Stoff eine ganz be-

stimmte Schmelz- bzw. Erstarrungstemperatur. Sobald einer der Stoffe durch den anderen verunreinigt ist, sinkt sein Schmelzpunkt in dem Maße, wie der Gehalt der Verunreinigung steigt. Die tiefste Schmelztemperatur, die zwischen beiden Stoffen auftritt, heißt Eutektikum,

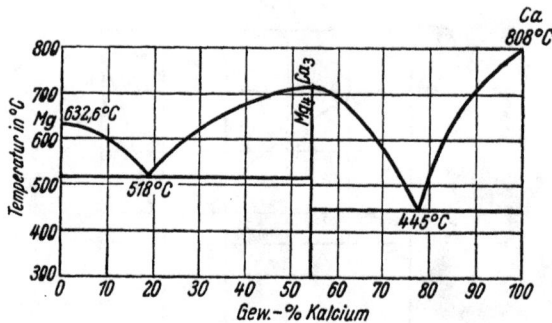

Abb. 13. Schmelzdiagramm Kalzium/
Magnesium. Beispiel für ein Diagramm
zweier Stoffe, die e i n e Verbindung
miteinander bilden.

die dazugehörige Zusammensetzung des Gemisches eutektische Mischung. Gehen zwei Stoffe eine Verbindung ein, so zeigt das thermische Diagramm eine Form, wie sie das Beispiel Kalzium/Magnesium (Abb. 13) veranschaulicht. Man ersieht aus dem Diagramm, daß, wie bei der vorhergehenden Abbildung, die Schmelzpunkte der Komponenten mit zunehmender Vermischung zunächst sinken, bis sie den tiefsten Erstarrungspunkt erreicht haben. Dann aber taucht in der Mitte der Kurve ein Maximum auf. Der höchste Punkt des Maximums zeigt die Zusammensetzung Mg_4Ca_3, woraus hervorgeht, daß Kalzium und Magnesium miteinander eine Verbindung, und zwar Mg_4Ca_3 bilden. Diagramme, die eine Verbindung kennzeichnen, weisen also ein Maximum und

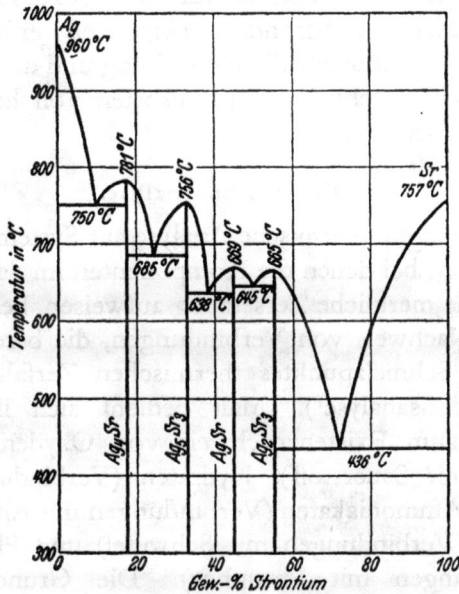

Abb. 14. Schmelzdiagramm Silber/Strontium.
Beispiel für ein Diagramm zweier Stoffe, die
vier Verbindungen miteinander bilden.

zwei eutektische Punkte auf. Gehen zwei Stoffe mehrere Verbindungen miteinander ein, so erscheinen im Diagramm entsprechend mehrere Maxima. Abb. 14 zeigt das Diagramm Silber/Strontium. Man ersieht daraus, daß diese beiden Elemente vier Verbindungen bilden können, und zwar Ag_4Sr, Ag_5Sr_3, $AgSr$ und Ag_2Sr_3.

Durch genaue Beobachtung des Erstarrungsprozesses lassen sich noch viel mehr Einzelheiten über die Beziehungen zwischen zwei Stoffen ergründen, jedoch soll im Rahmen dieses Buches nicht näher darauf eingegangen werden. Erwähnt sei nur noch, daß das Diagramm Eisen/Kohlenstoff besonders eingehend erforscht ist, weil seine Kenntnis für die Herstellung und die Verwendbarkeit der verschiedenen Eisensorten von hoher technischer Bedeutung ist.

Die Tensionsanalyse.

Während die thermische Analyse auf Systeme Anwendung findet, bei denen die Komponenten im Schmelzfluß noch keine merkliche Zersetzung aufweisen, benutzt man für den Nachweis von Verbindungen, die bereits unterhalb des Schmelzpunktes thermischen Zerfall erleiden, die Tensionsanalyse[3]). Man bedient sich ihrer vorwiegend zum Existenznachweis von Oxyden (Verbindungen mit Sauerstoff), Hydraten (Verbindungen mit Wasser), Ammoniakaten (Verbindungen mit Ammoniak), Sulfiden (Verbindungen mit Schwefel) und Phosphiden (Verbindungen mit Phosphor). Die Grundlage der Tensionsanalyse liegt in der Tatsache verankert, daß eine dissoziierende (d. h. zerfallende) Verbindung bei jeder Temperatur einen dazugehörigen konstanten Dissoziationsdruck besitzt, der wie der Dampfdruck eines Stoffes unabhängig von der Menge der vorhandenen Substanz ist. Die Tensionsanalyse ist auf zwei Wegen durchführbar. Man kann die Temperatur verfolgen, die nötig ist, um bei veränderbarer Zusammensetzung einen konstanten Druck aufrechtzuerhalten (isobarer Abbau), oder den Druck in Abhängigkeit von der Zusammensetzung bei konstanter Temperatur beobachten (isothermer Abbau).

Isothermer Abbau. Als Beispiel wollen wir das System Kupfersulfat/Wasser heranziehen. Es soll durch isothermen Abbau festgestellt werden, welche Verbindungen $CuSO_4$ mit H_2O bilden kann. Hierzu stellt man mittels eines Überschusses von Wasser zunächst die wasserhaltigste Verbindung des Kupfersulfats $CuSO_4 \cdot 5 H_2O$[4]) dar. Diese wird als Ausgangsstoff benutzt. Bei dieser Messung hält man die Temperatur konstant und verfolgt die Dampfdruckeinstellung, ebenso die Zusammensetzung der Substanz. Wie jedes Hydrat besitzt auch das Kupfersulfat-Hydrat $CuSO_4 \cdot 5 H_2O$ bei einer bestimmten Temperatur einen dazugehörigen konstanten Zersetzungsdruck. Dieser Druck entsteht durch die Gleichgewichtsreaktion $CuSO_4 \cdot 5 H_2O \rightleftharpoons CuSO_4 \cdot 3 H_2O + 2 H_2O$ und beträgt bei 20^0 45 mm Hg. Entzieht man nun dem $CuSO_4 \cdot 5 H_2O$ in regelmäßigen Zeitabständen etwas Wasserdampf, so verschwindet ein entsprechender Teil von $CuSO_4 \cdot 5 H_2O$ und es bildet sich daraus $CuSO_4 \cdot 3 H_2O$. Der Zersetzungsdruck wird jedoch dadurch nicht geändert, solange noch $CuSO_4 \cdot 5 H_2O$ vorhanden ist. Sobald aber alles $CuSO_4 \cdot 5 H_2O$ auf diese Weise zersetzt ist, stellt sich ein anderer Druck ein, nämlich der des $CuSO_4 \cdot 3 H_2O$ (30 mm Hg). Nun erfolgt auch hier unter portionsweiser Entfernung des Wasserdampfes eine Zersetzung zum nächstniederen Hydrat $CuSO_4 \cdot H_2O$, und dies geht so weiter, bis das wasserfreie Kupfersulfat zurückbleibt. Das Meßergebnis veranschaulicht Abb. 15. Aus den Stufen in der Kurve ersieht man die Existenz von Verbindungen. Durch den isothermen Abbau wurde also festgestellt, daß Kupfersulfat mit Wasser die Verbindungen $CuSO_4 \cdot 5 H_2O$, $CuSO_4 \cdot 3 H_2O$ und $CuSO_4 \cdot H_2O$ bilden kann (W. Biltz). Der isotherme Abbau ist besonders geeignet, wenn man bei einer Temperatur messen kann, die leicht konstant gehalten werden kann, z. B. bei 0^0, Zimmertemperatur oder 100^0.

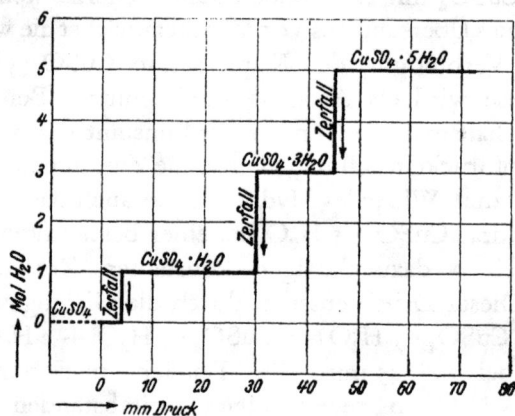

Abb. 15. Isothermes Abbau-Diagramm. Untersuchung des Systems $CuSO_4/H_2O$.

Isobarer Abbau. Ist der Zersetzungsdruck des zu untersuchenden Systems erst bei höheren Temperaturen in meßbaren Größen, so wendet man anstatt des isothermen den isobaren Abbau an. Als Beispiel soll das System Nickelchlorid/Ammoniak besprochen werden. Es ist durch isobaren Abbau festzustellen, welche Verbindungen Nickelchlorid mit Ammoniak zu bilden vermag. Man geht auch hier von der Verbindung des Nickelchlorids aus, die den höchsten Ammoniakgehalt aufweist, nämlich $NiCl_2 \cdot 6 NH_3$, und wählt einen Druck, der leicht konstant zu halten ist, z. B. Atmosphärendruck. Bei

OTTO RUFF (1871   1939).

Ruff war einer der bedeutendsten chemischen Forscher der letzten Jahrzehnte. Er zeichnete sich durch Vielseitigkeit in der Forschung (Zucker,
Feuer, hochfeuerfeste Werkstoffe, plastische Massen, Adsorption, Kohlen-
säureausbrüche in Bergwerken usw.) aus. Unter den Fachkollegen galt
er als ein Meister des Experiments.

dieser Messung wird also der Druck konstant gehalten und die Temperaturerhöhung sowie die Gewichtsänderung der Versuchssubstanz beobachtet. Die Durchführung der Messung geschieht wie folgt: Eine Probe $NiCl_2 \cdot 6\,NH_3$, die sich in einem Porzellanschiffchen in

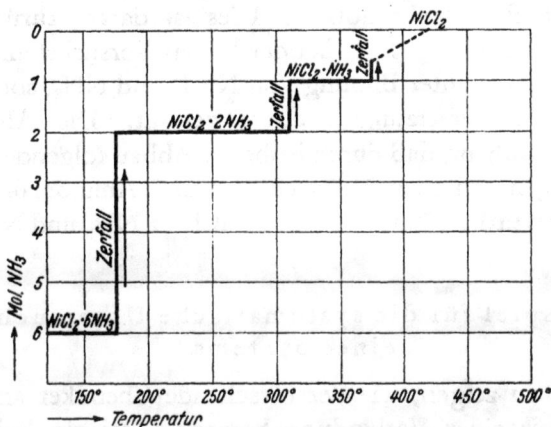

Abb. 16. Isobares Abbau-Diagramm. Untersuchung des Systems $NiCl_2/NH_3$.

einem elektrisch heizbaren Reaktionsrohr befindet, wird in einem Ammoniakstrom von 710 mm Druck allmählich erhitzt. Zunächst tritt keine Gewichtsabnahme ein, wie man durch Unterbrechen des Versuchs und Wiegen der Substanz kontrollieren kann. Bei 175° (s. Abb. 16) erhöht sich der Zersetzungsdruck über 710 mm. Es tritt Gewichtsabnahme der Substanz ein unter Bildung der Verbindung $NiCl_2 \cdot 2\,NH_3$. Man erhitzt nun so lange auf 175°, bis keine Gewichtsabnahme mehr stattfindet. Dann ist alles $NiCl_2 \cdot 6\,NH_3$ zersetzt und nur noch $NiCl_2 \cdot 2\,NH_3$ vorhanden. Um dies ebenfalls unter 710 mm Druck zum

Zerfall zu bringen, muß bis auf 310° erhitzt werden. Während dieses Zersetzens spaltet sich so viel NH_3 ab, bis die Substanz die Zusammensetzung $NiCl_2 \cdot NH_3$ besitzt. Nach weiterer Temperatursteigerung zerfällt auch dieses bei 372° zu $NiCl_2$. Der letzte Teil der Kurve verläuft nicht mehr normal. Dies ist darauf zurückzuführen, daß $NiCl_2 \cdot NH_3$ bei der hohen Versuchstemperatur nicht nur unter Bildung von $NiCl_2$ und NH_3, sondern in andere Zersetzungsprodukte zerfällt. Die Abb. 16 veranschaulicht, daß durch isobaren Abbau folgende Verbindungen zwischen Nickelchlorid und Ammoniak festgestellt wurden: $NiCl_2 \cdot 6\,NH_3$, $NiCl_2 \cdot 2\,NH_3$ und $NiCl_2 \cdot NH_3$.

3. Beispiel für die systematische Untersuchung eines Systems.

Um zu zeigen, wie der forschende Chemiker an den Nachweis einer Verbindung herantritt, sei ein Beispiel aus der Praxis besprochen. R. Juza hatte sich 1934 zur Aufgabe gestellt, die Verbindungsmöglichkeiten zwischen den Elementen Osmium und Schwefel zu erkunden. Es waren drei grundsätzliche Fragen zu beantworten, nämlich: 1. Gehen die beiden Elemente überhaupt eine Verbindung miteinander ein, 2. wieviel Verbindungen können die Elemente bilden und 3. welche Formel besitzen diese Verbindungen? Juza bediente sich folgender Methoden, um das Problem zu meistern: der Analyse, der Debye-Scherrer-Aufnahme, der Tensionsanalyse (isothermer Abbau) und der Dichtebestimmung. Die Analyse trug in der Weise zur Lösung der Frage bei, daß Osmium mit einem Überschuß von Schwefeldampf bei Rotglut zur Reaktion gebracht wurde und dann die so erhaltenen

Präparate der Totalanalyse unterworfen wurden. Die Proben besaßen mit 74,70% Os und 25,18% S fast genau die Zusammensetzung OsS_2. Wurden die Präparate mit Natriumsulfitlösung extrahiert, um evtl. vorhandenen freien Schwefel herauszulösen, so ergab die anschließende Analyse das gleiche Resultat wie oben. Daraus geht hervor, daß OsS_2 ein einheitlicher Körper mit konstanter Zusammensetzung ist. Aus der Analyse hatte Juza also bereits ersehen, daß eine Verbindung OsS_2 existiert.

Um festzustellen, ob Osmium mit Schwefel niedere Sulfide zu bilden vermag, wurde die Tensionsanalyse zu Hilfe genommen. An Präparaten mit der Zusammensetzung OsS_2 führte Juza zwei isotherme Abbauversuche bei 994° und 1044° durch. Die in dem Abbaudiagramm aufgetragenen Kurven weisen keine Stufen auf, wie wir sie bei der Beschreibung der Tensionsanalyse kennengelernt haben. Demnach existieren keine Verbindungen zwischen Osmium und Schwefel, die schwefelärmer sind als OsS_2.

Die Debye-Scherrer-Aufnahme ergab ferner ein eindeutiges Bild. Wurden Gemische von Osmium und Schwefel von verschiedener Zusammensetzung (etwa Os_2S, OsS, Os_2S_3, OsS_2, OsS_3, OsS_4 usw.) zur Reaktion gebracht und anschließend von den Proben Debye-Scherrer-Aufnahmen gemacht, so waren außer den Linien der Ausgangselemente und denen des OsS_2 keine fremden Linien feststellbar, die auf ein weiteres Sulfid hätten schließen lassen können. Präparate von der Zusammensetzung OsS_2 zeigten das Röntgenbild des OsS_2 ohne die Linien der freien Elemente. Die Röntgenaufnahme konstatierte also, daß zwischen Os und S nur eine Verbindung existiert, nämlich das Osmiumdisulfid OsS_2.

6*

Schließlich brachte Juza noch einen weiteren Beleg für die Existenz der Verbindung OsS_2 bei, indem er die Dichte (spezifisches Gewicht) bestimmte. Er fand Werte zwischen 9,47 bis 9,48. Nun hatte unterdessen ein anderer Forscher (K. Meisel) die Debye-Scherrer-Aufnahme des OsS_2 rechnerisch eingehend ausgewertet und daraus für die Dichte des OsS_2 den Wert 9,57 errechnet. Da die aus der Röntgenaufnahme für die Formel OsS_2 errechnete und die experimentell gemessene Dichte innerhalb der zulässigen Fehlergrenze übereinstimmen, ist die Existenz des OsS_2 auch durch diesen Befund gesichert.

Die Untersuchung führte also zu dem Ergebnis, daß Osmium mit Schwefel nur eine Verbindung bilden kann, nämlich OsS_2. Alle übrigen in der älteren Chemieliteratur beschriebenen Verbindungen wie OsS_4, OsS_3, Os_2S_3 und OsS existieren nicht. Die früheren Autoren hatten anscheinend unreine OsS_2-Präparate in den Händen gehabt und daraus irrtümlich auf eine andere Zusammensetzung geschlossen.

Dieses Beispiel zeigt sehr deutlich, daß der gewissenhafte Forscher sich nie mit einer einzigen Nachweismethode begnügt, sondern stets bestrebt ist, seine Befunde durch mehrere voneinander unabhängige Methoden zu stützen und zu kontrollieren. Es veranschaulicht ferner, daß die Forschung stets systematisch ein Gebiet bearbeitet und nicht mit einigen Tastversuchen vorliebnimmt. Tastversuche werden von gründlichen Experimentatoren stets nur zu Beginn der Untersuchungen ausgeführt, um Anhaltspunkte zu gewinnen, mit welchen Methoden und experimentellen Hilfsmitteln man an die Lösung des Problems herantreten soll.

Der Abwechslung halber wollen wir auch einmal ein negatives Beispiel aus der Praxis besprechen, denn an den Fehlern sammelt man oft mehr Erfahrungen als an mustergültig durchgeführten Arbeiten. Der ausländische Forscher V. E. C. hatte im Jahre 1931 an einem deutschen Forschungsinstitut (der Name des Forschers und des Instituts sei diesmals anstandshalber nicht erwähnt) versucht, die bisher unbekannte Verbindung Fluorzyan (CNF) herzustellen und zu charakterisieren. Er erhitzte Silberfluorid (AgF) mit Jodzyan (JCN) in Glasgefäßen auf 220^0 und erhielt mit 20 bis 25 $\%$ Ausbeute ein Gas, das nach seiner Angabe Fluorzyan sein sollte. Die Reaktion war nach folgendem Schema gedacht: $AgF + CNJ = CNF + AgJ$. Auffällig ist die geringe Ausbeute. Der Autor identifizierte das Produkt durch die Gasdichte. Wie Ruff, der 1936 diese Arbeit nachgeprüft hat, feststellte, bildet sich bei dieser Reaktion überhaupt kein Fluorzyan, sondern nur ein Gemisch von CO_2, SiF_4 und etwas $(CNF_3)_2$. Diese Produkte sind durch Nebenreaktion der Ausgangsstoffe mit etwas Feuchtigkeit und dem Glas des Reaktionsgefäßes entstanden. Alle Messungen, die der ausländische Autor an seinem vermeintlichen Fluorzyan ausführte, sind somit sinnlos. Was hat nun der Forscher V. E. C. falsch gemacht? Er hat seinen Befund nur auf einen einzigen Nachweis gestützt (Gasdichte). Er hätte nebenher wenigstens noch eine zweite, von der Gasdichte unabhängige Methode heranziehen müssen (z. B. Röntgenaufnahme, magnetochemische Messung, Raman-Effekt, Bandenspektrum usw.), dann hätte er seinen Irrtum schon gemerkt. Sein gröbster Fehler aber beruht darin, daß er keine Analyse des unbekannten Gases ausführte, sondern sich mit der theoretischen Überlegung vertröstete, die er in dem Satz ausdrückte: „In Anbetracht der Ausgangsstoffe, aus denen das Gas hergestellt wurde, kann es sich hier nur um Fluorzyan handeln." Hätte der Autor die für den Forscher selbstverständlichen Grundsätze befolgt, dann wäre er bestimmt auf seinen Irrtum aufmerksam geworden. Nach Erscheinen der zitierten Arbeit haben noch andere ausländische Forscher nach den Angaben von V. E. C. das vermeintliche Fluorzyan dargestellt und an dem Präparat Messungen vorgenommen, die naturgemäß ebenfalls sinnlos sind. Auch diese Forscher haben einen Fehler begangen, indem sie der Arbeit V. E. C.s blindes Vertrauen schenkten und es nicht für nötig fanden, die veröffentlichten Befunde wenigstens durch Stichproben auf ihre Richtigkeit zu prüfen. Dieses Beispiel dürfte dem Leser anschaulich vor Augen führen, daß die Forschung, wenn sie erfolgreich sein soll, kein Kinderspiel ist. Auf Schritt und Tritt ist der Forscher Täuschungen und Irrtümern ausgesetzt und kann sich deshalb nicht kritisch und mißtrauisch genug gegenüber seinen eigenen Befunden und denen anderer Autoren einstellen. Selbst auf die Autorität berühmter Chemiker darf er kein unbedingtes Vertrauen setzen.

Die Wertigkeit (Valenz) der Elemente in Verbindungen.

Unter der Wertigkeit versteht man die Anzahl Wasserstoffatome oder anderer gleichwertiger Atome, die ein Atom des betreffenden Elements binden kann. Da man bisher keine Verbindung gefunden hat, in der 1 Atom Wasserstoff mit mehr als 1 Atom eines anderen

Elements verbunden ist, setzt man den Wasserstoff als Valenzeinheit an. Sauerstoff bildet mit Wasserstoff bekanntlich die Verbindung H_2O. Aus der Formel geht hervor, daß 1 Atom Sauerstoff im Wasser 2 Atome Wasserstoff gebunden hält. Die Wertigkeit des Sauerstoffs im Wasser ist daher 2. Weiter kann man folgern: Da Kalzium (Ca) mit Sauerstoff die Verbindung CaO bildet, muß die Wertigkeit des Kalziums im CaO ebenfalls 2 sein. Auf diesen Umwegen läßt sich die Wertigkeit aller Elemente in den einzelnen Verbindungen festlegen, auch wenn das betreffende Element mit Wasserstoff keine Verbindung eingeht. Die Valenzzahl ist für ein bestimmtes Element keine Konstante. Sie hängt davon ab, mit welchem Element als Verbindungspartner die Bindung besteht. So hat z. B. Chlor im Chlorwasserstoff (HCl) die Valenz 1, in der Überchlorsäure ($HClO_4$) die Valenz 7. Selbst bei Verbindungen zwischen ein und denselben Elementen kann die Wertigkeit verschieden sein. So weist z. B. Cl in den Oxyden Cl_2O, ClO_2 und Cl_2O_7 die Valenzzahlen 1, 4 und 7 auf, während es in der Unterchlorsäure ($HClO_2$) und Chlorsäure ($HClO_3$) außerdem noch die Wertigkeiten 3 und 5 besitzt.

Die Kenntnis der Wertigkeit ist für die Aufstellung der Formel einer Verbindung von Wichtigkeit. Da Natrium stets einwertig ist, ebenso Fluor, wird eine Verbindung Natriumfluorid nur die Formel NaF haben können, niemals etwa Na_3F, Na_2F oder NaF_2, NaF_3 usw. So kann auf Grund der Wertigkeit vorausgesagt werden, welche Verbindungen ein Element mit einem anderen bilden kann, selbst wenn die entsprechenden Verbindungen noch nicht dargestellt worden sind.

Um über die Wertigkeit aller 92 Elemente eine Übersicht zu erhalten, müssen wir abermals einen Blick auf das Periodische System (s. S. 29) werfen. Stellen wir fest, welche maximale Wertigkeitsstufe die Elemente innerhalb der senkrechten Gruppen des Systems gegenüber Sauerstoff einnehmen können, so kommen wir zu dem Ergebnis, daß die Elemente der Gruppe 1 einwertig, die der Gruppe 2 zweiwertig usw. und schließlich die der Gruppe 8 achtwertig sind. Als Beispiele seien genannt: Li_2O (einwertig), BeO (zweiwertig), B_2O_3 (dreiwertig), CO_2 (vierwertig), N_2O_5 (fünfwertig), SO_3 (sechswertig), Cl_2O_7 (siebenwertig) und OsO_4 (achtwertig). Die ote Gruppe (Edelgase) weist gegenüber Sauerstoff naturgemäß die Wertigkeit o auf. Eine weitere Gesetzmäßigkeit enthüllt sich, wenn man die Wertigkeit der Elemente in den Gruppen 4, 5, 6, 7, 8 gegenüber Sauerstoff und Wasserstoff vergleicht. Als Beispiele seien angeführt:

Zahlentafel 4. Maximale Wertigkeit einiger Elemente.

Gruppe	IV	V	VI	VII	VIII
Formel	$Si\,H_4$	PH_3	SH_2	$Cl\,H$	—
Wertigkeit...	4	3	2	1	O
Formel	$Si\,O_2$	P_2O_5	SO_3	$Cl_2\,O_7$	$Os\,O_4$
Wertigkeit...	4	5	6	7	8
Summe der Wertigkeiten	8	8	8	8	8

Man ersieht aus diesen Zahlen, daß in den Gruppen 4 bis 8 die Summe der maximalen Wertigkeiten gegenüber Sauerstoff und Wasserstoff stets 8 beträgt.

Im ersten Hauptteil wurde bereits mitgeteilt, daß zwischen dem Periodischen System der Elemente und ihrem Atombau ein enger Zusammenhang besteht.

Zweifellos ist demnach auch die Wertigkeit im Atombau verankert. Es wurde auch schon darauf hingewiesen, daß die Elektronen der äußersten Kugelschale eines Elements den chemischen Charakter bestimmen und daß die maximale Anzahl der Elektronen in dieser Schale 8 beträgt. Die Wertigkeit eines Elements beruht — von der Seite des Atombaus gesehen — in der Tendenz, eine mit Elektronen voll besetzte Außenschale zu bilden. Um dies zum Verständnis zu bringen, stellen wir uns nochmals einige Elemente mit ihren Kugelschalen vor. Wir

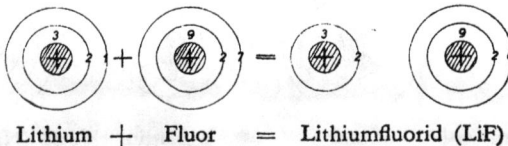

Lithium + Fluor = Lithiumfluorid (LiF)

Abb. 17. Verteilung der Elektronen bei der Bildung von LiF aus Li und F.

wollen die Bildung von Lithiumfluorid aus Lithium und Fluor an diesen Vorstellungshilfen verfolgen. Lithium und Fluor zeigen folgende Konfiguration (Abb. 17): Bei Bildung der Verbindung LiF gibt das Lithiumatom in der Tendenz, eine volle Außenschale zu bilden, ein Elektron an das Fluoratom ab. (Beim Lithiumatom ist dann die mit 2 Elektronen besetzte innerste Schale gleichzeitig die voll besetzte Außenschale.) Nun besitzt dann dieses Lithiumatom 3 Protonen, aber nur 2 Elektronen, ist also einfach positiv geladen. Solche elektrisch geladenen Atome nennt man I o n e n. Das Fluoratom hingegen nimmt in der Tendenz, eine voll besetzte Außenschale zu bilden, das vom Lithiumatom abgegebene Elektron auf und bildet eine Achter-Schale. In der Ver-

bindung LiF besitzt das Fluor demnach 9 Protonen und
10 Elektronen, ist also ein einfach negativ geladenes Ion.
Die positiven und negativen Ionen werden durch die
elektrostatische Anziehung zusammengehalten. Gibt das
Atom Elektronen ab, so spricht man von einer positiven,
nimmt es solche auf, von einer negativen Valenz. Ziehen
wir zur Betrachtung weitere Elemente aus diesen Gruppen des Periodischen Systems heran, so zeigt sich das
gleiche Bild (s. Abb. 18).

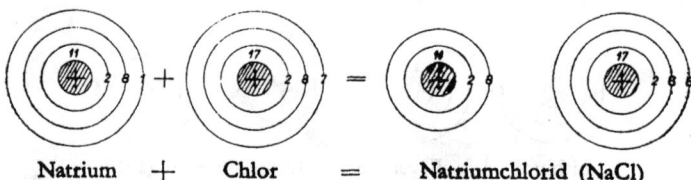

Natrium   +   Chlor   =   Natriumchlorid (NaCl)

Abb. 18. Verteilung der Elektronen bei der Bildung von NaCl aus
Na und Cl.

Die beiden Beispiele lehren, daß durch die Neigung
zur Bildung voll besetzter Außenschalen Lithium und
Natrium die Wertigkeit 1 erreichen, ebenso Fluor und
Chlor. Verfolgen wir nun die Verbindungsbildung noch
an Elementen der 2. und 6. Gruppe (s. Abb. 19 und 20).
Hier ersieht man, daß zur Bildung voll besetzter Außenschalen 2 Elektronen ausgetauscht werden müssen und
die Wertigkeit dieser Elemente demnach 2 beträgt. Da
die Edelgase (Gruppe 8) bereits voll besetzte Außenschalen besitzen, ist deren chemisch indifferenter Charakter verständlich. Nun betrachten wir zur weiteren
Vertiefung noch eine Verbindungsbildung, bei der die
Elemente verschiedene Wertigkeiten besitzen (Abb. 21

und 22), nämlich die Bildung von Berylliumfluorid und Natriumsulfid. Hier werden 2 einwertige Fluoratome bzw. 2 einwertige Natriumatome benötigt, um die beiden

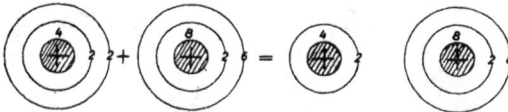

Beryllium + Sauerstoff = Berylliumoxyd (BeO)

Abb. 19. Verteilung der Elektronen bei der Bildung von BeO aus Be und O.

Elektronen des Berylliumatoms bzw. des Schwefelatoms aufzunehmen.

Weil die Elektronen der äußersten Kugelschale für die Valenz maßgebend sind, führen sie den Namen Valenzelektronen.

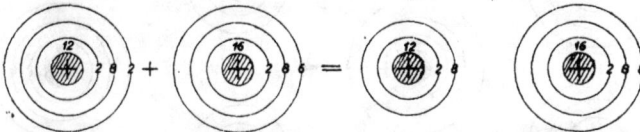

Magnesium + Schwefel = Magnesiumsulfid (MgS)

Abb. 20. Verteilung der Elektronen bei der Bildung von MgS aus Mg und S.

Im Zuge der Wertigkeitserklärung wollen wir uns noch mit einem Begriff vertraut machen, der uns später noch begegnen wird, nämlich dem Äquivalentgewicht. Unter dem Äquivalentgewicht versteht man die Menge eines Stoffes (Element oder Verbindung), die sich mit 1 g Wasserstoff umsetzt. Es ist eine rein experimentell ermittelte Größe, ohne irgendwelche

theoretische Voraussetzung. Setzt man das Äquivalentgewicht mit unseren bisher besprochenen Größen Atomgewicht, Molekulargewicht und Wertigkeit in Be-

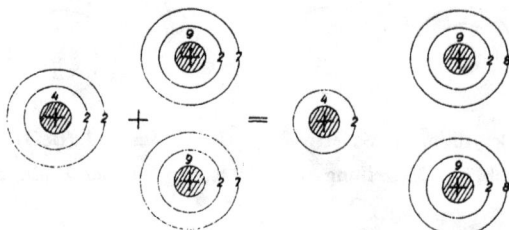

Beryllium $^{..}_{.}$ + 2 Fluor = Berylliumfluorid (BeF$_2$)

Abb. 21. Verteilung der Elektronen bei der Bildung von BeF$_2$
aus Be und F.

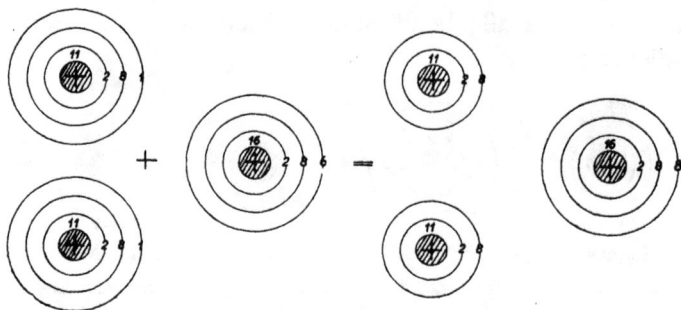

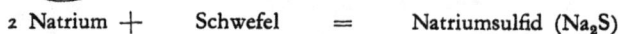

2 Natrium +   Schwefel   =   Natriumsulfid (Na$_2$S)

Abb. 22. Verteilung der Elektronen bei der Bildung von Na$_2$S
aus Na und S.

ziehung, so ergibt sich die einfache Gesetzmäßigkeit,
daß das Äquivalentgewicht gleich dem Quotienten
$\dfrac{\text{Atomgewicht}}{\text{Wertigkeit}}$ (für Elemente) bzw. $\dfrac{\text{Molekulargewicht}}{\text{Wertigkeit}}$
(für Molekülgruppen) ist. In der Verbindung FeCl$_2$ ist

demnach das Äquivalentgewicht des Eisens 27,92 ($\frac{55,84}{2}$), in der Verbindung $FeCl_3$ hingegen 18,61 ($\frac{55,84}{3}$).

Wie bei allen bisher beschriebenen Grundbegriffen fragen wir uns auch bei der Valenz, wie der Forscher die Wertigkeit eines bestimmten Elements in einer Verbindung bestimmt. Bei sehr vielen Verbindungen liegen die Verhältnisse so einfach, daß sich eine Valenzbestimmung erübrigt. So z. B. übersieht man bei HCl, H_2O, $FeCl_3$, Cr_2O_3 und ähnlichen Verbindungen die Wertigkeit so klar, daß Irrtümer ausgeschlossen sind. Schwieriger wird die Frage z. B. beim Pb_3O_4. Wie wir heute wissen, enthält dieses das Blei in zwei Wertigkeitsstufen, nämlich als $Pb_2^{II}Pb^{IV}O_4$. (Pb_3O_4 ist also gewissermaßen das Bleisalz der Bleisäure.) Und noch komplizierter erscheint der Fall, wenn man die Zusammensetzung einer Verbindung nicht genau kennt oder überhaupt keine einheitliche Verbindung vor sich hat und nun feststellen soll, in welcher Wertigkeitsstufe das Element vorhanden ist.

In den meisten Fällen wird der Chemiker die Frage zu beantworten haben, welche Wertigkeitsstufe eines Elements in bestimmten Verbindungen vorliegt. Hierzu gilt als allgemeine Methode, daß man das Element in eine stabile, wohlbekannte Wertigkeitsstufe überführt und die bei diesem Arbeitsgang benötigte oder abgegebene Stoffmenge mißt und daraus die Wertigkeit errechnet.

Zur näheren Erläuterung wollen wir ein Beispiel aus der Praxis heranziehen. I. und W. Noddack haben 1933 ein Verfahren ausgearbeitet, um die Wertigkeit des Rheniums in seinen Verbindungen zu bestimmen. (Re kommt in den Wertigkeitsstufen 1, 2, 3, 4, 5, 6 und 7 vor!) Dieses besteht darin, daß mittels Natriumchromats das Rhenium zur siebenten Wertigkeitsstufe oxydiert wird. Die siebente Stufe ist nämlich beim Rhenium eine sehr beständige und zugleich gut bekannte. Das hierzu benötigte Natriumchromat selbst wird durch diesen Prozeß zu Chromhydroxyd Cr(OH)$_3$ reduziert. Dieses wiederum geht durch Glühen in das sehr beständige Chromoxyd Cr$_2$O$_3$ über und kann gewogen werden. Aus der Menge Rhenium und Chromoxyd errechnet man die Wertigkeit. Bei der Verbindung K$_2$ReCl$_6$ fanden I. und W. Noddack auf diesem Wege für Rhenium die Wertigkeitszahl 4.

Oftmals schlägt man auch die umgekehrte Richtung ein, indem man das Element nicht in eine andere bekannte Wertigkeitsstufe überführt, sondern ins freie Element (also Wertigkeit 0) verwandelt und die hierzu erforderliche Substanzmenge mißt. Diese rein chemischen Verfahren setzen voraus, daß man die zu untersuchende chemische Verbindung in ihrer Zusammensetzung genau kennt. Die Wertigkeitsbestimmung ist dann gewissermaßen nur eine zusätzliche Bestätigung des Analysenbefunds, da die Wertigkeit aus der Formel bereits ersichtlich ist.

Schwierigere Fragen, wie z. B. die Wertigkeit des Bleis in Pb$_3$O$_4$, sind auf diesem Wege nicht zu klären. Will man durch chemische Methoden solche Probleme lösen, so muß für jeden einzelnen Fall ein eigenes Verfahren ersonnen werden. Die Wertigkeit des Bleis in Pb$_3$O$_4$ hat Lux z. B. in der Weise gefunden, daß er mittels Oxalsäure das Pb$_3$O$_4$ zu PbO (also zweiwertigem Blei) reduzierte. Aus der Menge der verbrauchten Oxalsäure stellte er fest, daß 1 Atom Blei als vierwertiges vorliegt. Daß die restlichen beiden Atome Blei zweiwertig sind, geht daraus hervor, daß beim Erhitzen von 2 Molen PbO (zweiwertiges Pb) mit 1 Mol PbO$_2$ (vierwertiges Pb) unter Luftabschluß sich quantitativ Pb$_3$O$_4$ bildet. Ebenfalls einen selbständigen Weg beschritten Ruff und der Verfasser, als sie sich zur Aufgabe gemacht hatten, die Wertigkeit des Rheniums im Rheniumhexafluorid (ReF$_6$)

die aus der Formel bereits klar ersichtlich ist, experimentell nochmals zu sichern. Sechswertiges Rhenium hat nämlich die Eigenschaft, in wäßriger oder alkalischer Lösung in vierwertiges und siebenwertiges Rhenium zu zerfallen, zu „disproportionieren". Durch quantitative Analyse der bei der Disproportionierung von ReF_6 sich bildenden Produkte (3 Mol sechswertiges Re bilden 2 Mol siebenwertiges Re + 1 Mol vierwertiges Re) konnte die Sechswertigkeit des Rheniums im ReF_6 experimentell ermittelt werden. Für Fälle, die auf chemischem Wege nicht eindeutig zu klären sind, steht eine unabhängige physikalische Methode zur Verfügung, nämlich die magnetochemische Messung.

Um die Beziehungen zwischen Wertigkeit und Magnetismus zu verstehen, müssen wir abermals auf den Atombau zurückgreifen. Jedes Einzelelektron eines Atoms stellt einen kleinen Elementarmagneten dar. Bei den Atomen ist der Gesamtmagnetismus nicht etwa gleich der Summe der magnetischen Momente der Elektronen, sondern die magnetischen Momente heben sich gegenseitig auf. Deshalb besitzt der Magnetismus der Atome mit voll besetzten Kugelschalen den Wert 0. Solche voll besetzte Kugelschalen sind vorhanden bei den Edelgasen und den edelgasartigen Ionen (z. B. Na-Ion, Ca-Ion), ferner bei Systemen mit 18 Elektronen (z. B. einwertiges Cu-Ion, einwertiges Ag-Ion, zweiwertiges Cd-Ion), außerdem mit 8 + 2 und 18 + 2 Elektronen (Mg, Hg, einwertiges In-Ion, zweiwertiges Pb-Ion). Die meisten anderen Anordnungen von Elektronen weisen einen Paramagnetismus auf, mit Sicherheit dann, wenn eine ungerade Elektronenzahl den Atomkern umgibt. Für die Bestimmung der Wertigkeit ist nun die Erkenntnis wichtig, daß der Magnetismus nur von der Elektronen-

zahl eines Elements abhängig ist, nicht von der Kernladung. So haben z. B. zweiwertiges Chrom und dreiwertiges Mangan, ebenso zweiwertiges Mangan und dreiwertiges Eisen den gleichen magnetischen Wert. Diese
Gesetzmäßigkeit ist als Kosselscher Verschiebungssatz
bekannt. In dem nebenstehenden Diagramm (Abb. 23)

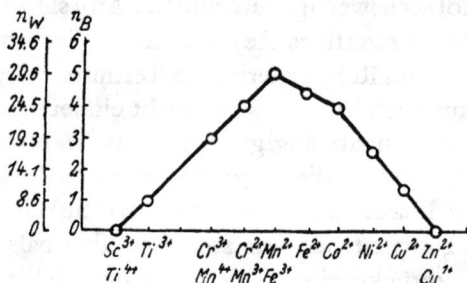

Abb. 23. Magnetismus einiger Elektronenkonfigurationen.

ist der Magnetismus einiger Elektronenkonfigurationen
zahlenmäßig aufgetragen. Die Kurve veranschaulicht,
daß der Magnetismus mit wachsender Elektronenzahl
ansteigt und ein Maximum erreicht; dann fällt er wieder
ab, weil die einzelnen Momente sich allmählich immer
mehr aufheben, bis er schließlich beim einwertigen
Kupfer und zweiwertigen Zink den Ausgangswert
wieder annimmt. Aus der Abbildung können wir ferner
entnehmen, daß verschiedene Wertigkeitsstufen eines
Elements eben wegen der unterschiedlichen Elektronenzahl verschiedenen Magnetismus besitzen. Mit Hilfe
magnetischer Messungen ist es also möglich, die Wertigkeit eines Elements zu bestimmen. Die Messung wird
in der Weise durchgeführt, daß man ein Präparat zunächst zwischen Polen eines Magneten wiegt, wenn kein

Kraftfeld vorhanden ist (s. Abb. 24), dann ein magnetisches Kraftfeld anlegt und die dadurch bewirkte Anziehung bzw. Abstoßung gewichtsmäßig ermittelt. Die experimentelle Ausführung der magnetochemischen Messungen und ihre Auswertung erfordern besondere Auf-

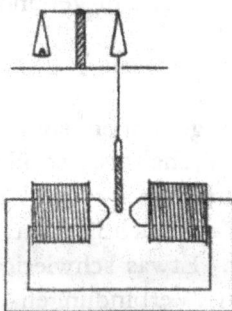

Abb. 24. Schema einer magnetochemischen Meßapparatur.

merksamkeit hinsichtlich der Fehlerquellen (z. B. Spuren von Verunreinigungen), da sonst keine diskutierbaren Resultate erzielt werden können. Mit der Magnetochemie werden wir uns in einem späteren Kapitel noch eingehender befassen.

Struktur einer Verbindung.

Nachdem uns klargeworden ist, daß zwei Elemente nicht in willkürlichem Mengenverhältnis zu einer Verbindung zusammentreten können, sondern die Anzahl der sich zu einem Molekül vereinigenden Atome von der Wertigkeit der Liganden (s. S. 120) in der Verbindung abhängt, müssen wir uns mit der Frage beschäftigen, wie die Elemente in Verbindungen miteinander verbunden sind.

Hierzu führen wir eine neue Vorstellungshilfe ein, die Strukturformel. Bei dieser sind die Bindungen zwischen den Elementen durch Striche angedeutet, wobei jeder Strich eine Valenzbindung kennzeichnet. Die Formel H—Cl deutet an, daß ein einwertiges Wasserstoffatom an ein einwertiges Chloratom gebunden ist; die Formel

$$Fe\underset{\displaystyle Cl}{\overset{\displaystyle Cl}{\underset{\displaystyle }{—Cl}}}$$ zeigt, daß 3 einwertige Chloratome an 1 drei-

wertiges Eisenatom gebunden sind. Bei binären Verbindungen sind die Verhältnisse so übersichtlich, daß die Strukturformel überflüssig ist, weil die Summenformel (HCl, $FeCl_3$) bereits eine richtige Deutung der Bindungsverhältnisse erlaubt. Etwas schwieriger ist die Bindung bei komplizierteren Verbindungen wie H_2SO_4 oder $HClO_4$ aus der Summenformel zu ersehen. Die Strukturformel für diese Verbindungen hat folgende Form:

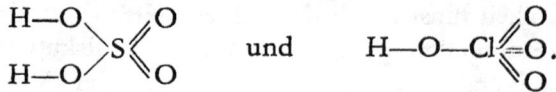

$$\begin{matrix} H—O \\ \\ H—O \end{matrix} S \begin{matrix} O \\ \\ O \end{matrix} \qquad \text{und} \qquad H—O—Cl \begin{matrix} O \\ \\ O \end{matrix}.$$

Es ist daraus zu lesen, daß der einwertige Wasserstoff nicht an S oder Cl, sondern an O gebunden ist, daß ferner der Sauerstoff stets zweiwertig ist, daß der Schwefel in H_2SO_4 sechswertig und das Chlor in $HClO_4$ siebenwertig ist. Doch kann man bei einiger Übung auch bei diesen Verbindungen auf die Strukturformel verzichten und mit der Summenformel auskommen. Gänzlich unzulänglich erscheint aber die Summenformel in der organischen Chemie. Hier ist die Strukturformel ein unerläßliches Hilfsmittel zur Kennzeichnung einer Verbindung. Greifen wir beispielsweise die Formel $C_4H_7O_2Cl$ heraus. Es gibt wenigstens 4 Verbindungen, die diese summarische

Formel besitzen und doch gänzlich verschiedenartige
Stoffe sind, nämlich Chloressigsäureäthylester, α-Chlorbuttersäure, β-Chlorisobuttersäure und Essigsäure-β-chloräthylester. Die Strukturformeln dieser Verbindungen.
sehen folgendermaßen aus:

I. II.

$$
\begin{array}{ll}
\text{I.} & \text{II.} \\
\end{array}
$$

I.

```
        H
        |
   H—C—Cl
        |
        C=O  H   H
         \   |   |
          O—C—C—H
             |   |
             H   H
```

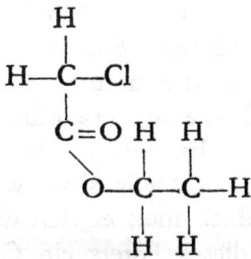

Chloressigsäureäthylester

II.

```
        H
        |
   H—C—H
        |
   H—C—H
        |
   H—C—Cl
        |
        C=O
         \
          O—H
```

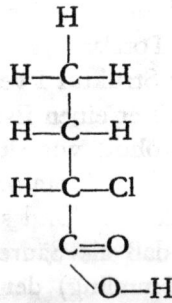

α-Chlorbuttersäure

III. IV.

III.

```
        H
        |
   H—C—Cl  H
        |   |
   H—C———C—H
        |   |
        C=O  H
         \
          O—H
```

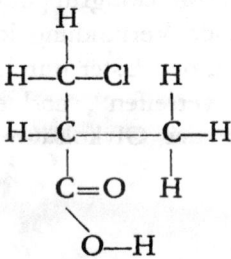

β-Chlorisobuttersäure

IV.

```
        H
        |
   H—C—H
        |
        C=O  H   H
         \   |   |
          O—C—C—H
             |   |
             H   Cl
```

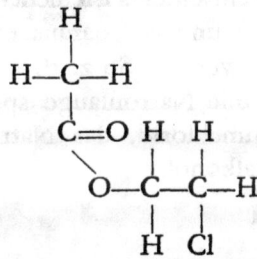

Essigsäure-β-chloräthylester

und vermitteln dem Chemiker ein klares Bild über die
Natur dieser Verbindungen. Wir fragen uns auch hier
wieder: Wie weist der Chemiker die Struktur einer Verbindung nach? Dies geschieht, wenn wir uns auf die
chemischen Methoden beschränken, durch Abbau und

7*

Aufbau der Verbindung. Unter Abbau versteht man die Spaltung des Moleküls in einzelne Bruchstücke und deren Identifizierung. Der Aufbau ist umgekehrt die Synthese der Verbindung aus ihren Bruchstücken (Elemente oder Molekülgruppen). Greifen wir einmal als Beispiel die erste der obigen vier Strukturformeln heraus, die Formel des Chloressigsäureäthylesters. Wenn der Chemiker bei der durch Totalanalyse gefundenen Summenformel $C_4H_7O_2Cl$ die Struktur I vermutet, dann muß er sich vergewissern, daß er einen Ester (d. h. eine Verbindung aus Säure + Alkohol) vor sich hat. Er muß ferner nachweisen, daß das Chloratom an der Stelle sitzt, wie es Formel I andeutet. Und schließlich muß er sich davon überzeugen, daß als Säurerest dieses Esters ein Chlorderivat (Abkömmling) der Essigsäure und als Alkohol der Äthylalkohol in Frage kommt. Um die Lage des Cl-Atoms festzustellen, muß das Cl-Atom der Verbindung durch ein anderes Element oder eine Molekülgruppe ersetzt werden und die daraus entstehende Verbindung identifiziert werden. So z. B. kann man den Ester durch Kochen mit Natronlauge spalten, „verseifen", und erhält Natriumchlorid, das Natriumsalz der Glykolsäure und Äthylalkohol.

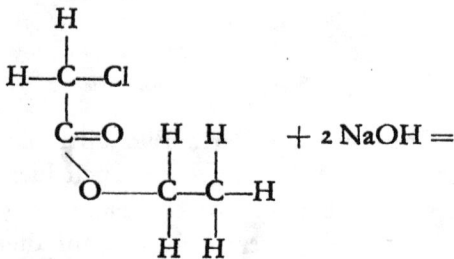

$$
\begin{array}{c}
H \\
| \\
H-\!\!\overset{|}{\underset{|}{C}}\!\!-Cl \\
C\!\!=\!\!O \quad H \quad H \qquad +\,2\,NaOH = \\
\diagdown \quad | \quad | \\
O\!-\!\!-\!\!C\!\!-\!\!C\!\!-\!\!H \\
| \quad | \\
H \quad H
\end{array}
$$

Chloressigsäureäthylester + Natronlauge =

$$
=
\begin{array}{c}
\text{H} \\
| \\
\text{H---C---OH} \\
| \\
\text{C}{=}\text{O} \\
\diagdown \\
\text{O---Na}
\end{array}
\;+\;
\begin{array}{c}
\text{H} \\
| \\
\text{H---C---H} \\
| \\
\text{H---C---H} \\
\diagdown \\
\text{O---H}
\end{array}
\;+\; \text{H}_2\text{O} + \text{NaCl}
$$

= Natriumsalz der + Äthylalkohol + Wasser + Natrium-
Glykolsäure   chlorid

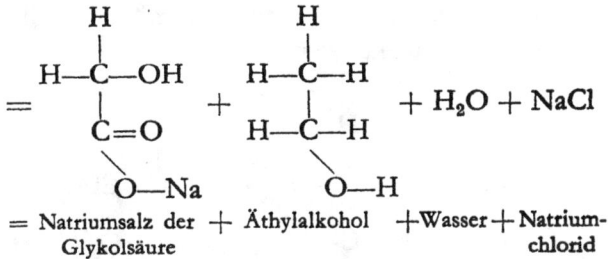

Die Verseifung zeigt, daß die Verbindung ein Ester ist, daß als Alkoholkomponente der Äthylalkohol und als Säurekomponente ein Abkömmling der Essigsäure in Frage kommt. Die Lage des Cl-Atoms ist durch diesen Abbau ebenfalls nachgewiesen. Das Cl-Atom wurde nämlich bei der Verseifung gegen eine OH-Gruppe ausgetauscht. Da die Struktur des glykolsauren Natriums bereits bekannt ist, ist die Lage des Cl-Atoms im Chloressigsäureäthylester dadurch sichergestellt. Der Abbau der Verbindung hat also die Formel I erwiesen. Nachdem man nun durch diese Operation zu der Strukturformel gelangt ist, schlägt man zur Bestätigung der gewonnenen Erkenntnis den umgekehrten Weg ein: man baut die Verbindung aus den Spaltprodukten auf. In diesem Fall geht man wie folgt vor: Man leitet in Essigsäure Chlor (in Gegenwart von Phosphor als Katalysator) ein und erhält so die Chloressigsäure.

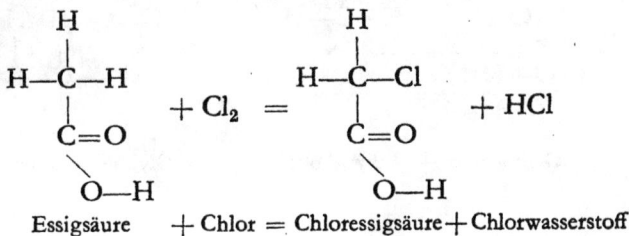

$$
\begin{array}{c}
\text{H} \\
| \\
\text{H---C---H} \\
| \\
\text{C}{=}\text{O} \\
\diagdown \\
\text{O---H}
\end{array}
\;+\; \text{Cl}_2 \;=\;
\begin{array}{c}
\text{H} \\
| \\
\text{H---C---Cl} \\
| \\
\text{C}{=}\text{O} \\
\diagdown \\
\text{O---H}
\end{array}
\;+\; \text{HCl}
$$

Essigsäure   + Chlor = Chloressigsäure + Chlorwasserstoff

Die Chloressigsäure wird nun mit Äthylalkohol (in Gegenwart von konzentrierter Schwefelsäure) erhitzt. Hierbei werden die Stoffe „verestert".

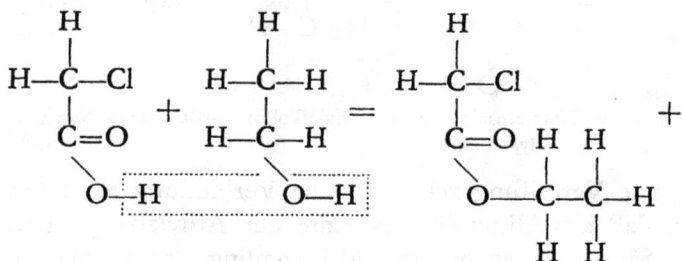

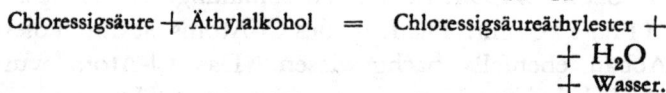

$$
\begin{array}{ccccc}
\text{H} & & \text{H} & & \text{H} \\
| & & | & & | \\
\text{H}-\text{C}-\text{Cl} & + & \text{H}-\text{C}-\text{H} & = & \text{H}-\text{C}-\text{Cl} \\
| & & | & & | \\
\text{C}=\text{O} & & \text{H}-\text{C}-\text{H} & & \text{C}=\text{O}\ \ \text{H}\ \ \text{H} \\
| & & | & & | \quad | \quad | \\
\text{O}-\text{H} & & \text{O}-\text{H} & & \text{O}-\text{C}-\text{C}-\text{H} \\
& & & & \quad\quad | \quad | \\
& & & & \quad\quad \text{H}\ \ \text{H}
\end{array}
\quad +
$$

Chloressigsäure + Äthylalkohol　=　Chloressigsäureäthylester +
　　　　　　　　　　　　　　　　　　+ H_2O
　　　　　　　　　　　　　　　　　　+ Wasser.

Weist der so erhaltene Stoff nach der Analyse die Formel $C_4H_7O_2Cl$ auf und besitzt er die gleichen physikalischen und chemischen Eigenschaften wie die fragliche, durch Abbau untersuchte Substanz, so ist die Strukturformel I bestätigt. Die Synthese läßt sich auch auf anderen Wegen durchführen, so beispielsweise indem man von der Glykolsäure ausgeht und diese zunächst mit Äthylalkohol verestert:

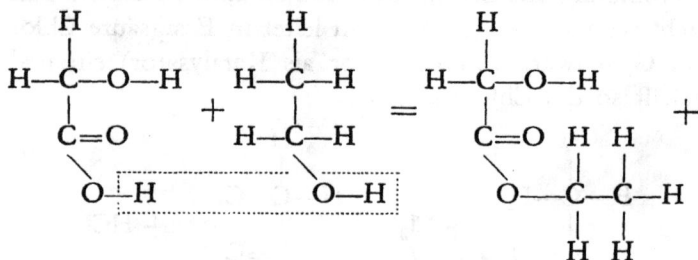

$$
\begin{array}{ccccc}
\text{H} & & \text{H} & & \text{H} \\
| & & | & & | \\
\text{H}-\text{C}-\text{O}-\text{H} & + & \text{H}-\text{C}-\text{H} & = & \text{H}-\text{C}-\text{O}-\text{H} \\
| & & | & & | \\
\text{C}=\text{O} & & \text{H}-\text{C}-\text{H} & & \text{C}=\text{O}\ \ \text{H}\ \ \text{H} \\
| & & | & & | \quad | \quad | \\
\text{O}-\text{H} & & \text{O}-\text{H} & & \text{O}-\text{C}-\text{C}-\text{H} \\
& & & & \quad\quad | \quad | \\
& & & & \quad\quad \text{H}\ \ \text{H}
\end{array}
\quad +
$$

Glykolsäure + Äthylalkohol　　= Glykolsäureäthylester +
　　　　　　　　　　　　　　　　　　+ H_2O
　　　　　　　　　　　　　　　　　　+ Wasser.

Der Glykolsäureäthylester wird hernach mit Phosphorpentachlorid behandelt und ergibt ebenfalls ein Produkt (Chloressigsäureäthylester), das mit dem zu prüfenden Stoff identisch ist.

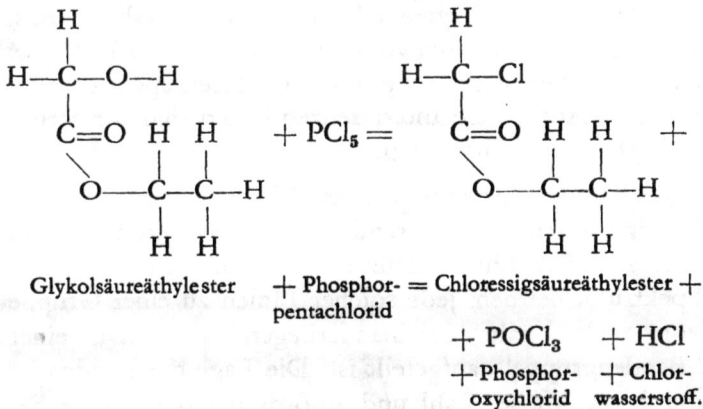

$$
\begin{array}{cccc}
& H & & H \\
& | & & | \\
H\!-\!\overset{\displaystyle |}{\underset{\displaystyle |}{C}}\!-\!O\!-\!H & & H\!-\!\overset{\displaystyle |}{\underset{\displaystyle |}{C}}\!-\!Cl & \\
\overset{\displaystyle |}{C}\!=\!O\ \ H\ \ H & +\ PCl_5\ = & \overset{\displaystyle |}{C}\!=\!O\ \ H\ \ H & + \\
\diagdown\ \ |\ \ | & & \diagdown\ \ |\ \ | & \\
O\!-\!C\!-\!C\!-\!H & & O\!-\!C\!-\!C\!-\!H & \\
|\ \ | & & |\ \ | & \\
H\ \ H & & H\ \ H &
\end{array}
$$

Glykolsäureäthylester + Phosphor- = Chloressigsäureäthylester +
             pentachlorid

$$+\ POCl_3 \qquad +\ HCl$$

+ Phosphor-   + Chlor-
oxychlorid   wasserstoff.

Außer dieser klassischen Methode des Auf- und Abbaus besitzen wir noch eine Reihe physikalischer Methoden, die uns bei der Aufklärung der Struktur zur Verfügung stehen. Von diesen seien erwähnt:

1. Die Debye-Scherrer-Aufnahme. Bei Verbindungen, die im festen Zustand Molekülgitter (Näheres darüber s. nächsten Abschnitt) bilden, bei denen demnach die Einzelmoleküle im Kristallverband ihre Konstitution beibehalten, läßt sich durch rechnerische Auswertung der Debye-Scherrer-Aufnahmen die Lage der Atome ermitteln.

2. Debye-Aufnahmen von Gasmolekülen. Ähnlich wie bei den Kristallen gelang es Debye, auch an Gasmolekeln (also einzelnen sich frei bewegenden Mole-

külen) Röntgenstrahlen zur Interferenz zu bringen und
aus den Interferenzlagen die Molekülstruktur zu berechnen.

3. Kathodenstrahlen. Mark und Mitarbeiter haben
an Stelle von Röntgenstrahlen Kathodenstrahlen (d. s.
Elektronenstrahlen, die vom negativen Pol, der Kathode,
ausgehen) zur Erzeugung von Interferenzspektren verwendet. Auch diese Interferenzen lassen sich zur Strukturbestimmung auswerten.

4. Bandenspektren. Diese Methode hat die meisten
Erfolge gezeitigt. Während freie Atome ein Spektrum
von scharfen Linien liefern, geben die Moleküle ein
Spektrum, bei dem jede solcher Linien zu einer Gruppe
von vielen nahe beieinanderliegenden Linien, einer
„Bandengruppe", aufgeteilt ist. Die Lage der Banden ist
durch die Masse, Zahl und Anordnung der Atome bedingt und kann somit zur Bestimmung dieser Größen
dienen.

5. Magnetochemische Messungen. Wie die
Wertigkeit lassen sich durch magnetochemische Messungen auch Strukturen in manchen Fällen aufklären.
Besonders bei Komplexverbindungen (d. s. Verbindungen, die sich aus zwei Verbindungen bilden, aber sich
in ihren Eigenschaften wie einfache Verbindungen verhalten, z. B. Kaliumferrozyanid $K_4Fe(CN)_6$) hat sich die
Magnetochemie erfolgreich anwenden lassen.

6. Messung der Dielektrizitätskonstante. In
manchen Fällen hat die Messung dieser Konstante zur
Strukturbestimmung beigetragen. Die Elektrizitätskon-
stante zeigt nämlich an, ob ein Molekül ein elektrisches
Moment besitzt. Auf diesem Wege ist entschieden wor-

den, daß z. B. beim Wasser die Anordnung der Atome in Dreiecksform, also $\overset{O}{\underset{H \quad H}{\diagup \diagdown}}$, nicht in linearer Form H—O—H vorhanden ist, während Kohlendioxyd linear und symmetrisch $O=C=O$, nicht $C\overset{O}{\underset{O}{\diagup}}$ gebaut ist.

7. **Der Raman-Effekt.** Seit 1928 ist noch eine elegante Methode hinzugekommen, die nach ihrem Entdecker Raman den Namen erhalten hat. Bestrahlt man einen chemisch einheitlichen Stoff, z. B. Benzol, mit Licht einer bestimmten Wellenlänge, zerlegt das vom Benzol seitlich abgestrahlte Licht spektral und photographiert das Spektrum, so findet man auf der photographischen Platte neben der Linie der eingestrahlten Wellenlänge des Lichts eine Reihe neuer Linien, deren Zahl und Anordnung für die bestrahlte Stoffart charakteristisch ist. Man bezeichnet diese Linien als „Raman-Linien".

Da die Raman-Linien vom Aufbau des bestrahlten Körpers abhängig sind, kann man mit ihrer Hilfe den strukturellen Aufbau des Moleküls feststellen. Es läßt sich z. B. einwandfrei nachweisen, ob zwischen zwei Kohlenstoffatomen einer organischen Verbindung eine einfache Bindung (wie bei den Paraffinen), eine doppelte (wie bei den Olefinen) oder eine dreifache (wie beim Azetylen) vorliegt. Man kann ferner feststellen, welche Molekülgruppen (z. B. Methyl-, Zyan-, Rhodan-, Nitro-, Nitrosogruppe) in einer Verbindung vorhanden sind. Die wasserfreie Salpetersäure (HNO_3) zeigt beispielsweise Raman-Linien, die der Nitrogruppe (NO_2-) und der Hydroxylgruppe (HO-) angehören, wodurch die

Strukturformel für die Salpetersäure H—O—N$\underset{\diagdown O}{\overset{\diagup O}{}}$ be-

sonders deutlich zum Vorschein kommt.

Wir haben eben gesehen, daß gerade in der organischen Chemie die Struktur der Verbindung sehr wichtig ist. Deshalb macht der Chemiker auch in der Bezeichnung der organischen Verbindungen deren Struktur kenntlich. Die Namengebung erfordert bei komplizierten organischen Körpern begreiflicherweise langatmige Wörter, die beim Laien als Wortungeheuer einen teils respektablen, teils lächerlichen Eindruck hinterlassen. Um die Nomenklatur möglichst sinnvoll zu gestalten, sind diese, langen Bezeichnungen jedoch schwerlich zu umgehen. Wir wollen nun zur Erläuterung den Namen einer solchen Verbindung analysieren und daraus die Strukturformel entwickeln. Nehmen wir z. B. die Bezeichnung 2-Nitroso-2-methyl-propansäure-1-äthylester. Die zwei letzten Silben sagen aus, daß es sich um einen Ester handelt, also um eine Verbindung eines Alkohols mit einer Säure. Die Silben „äthyl" bezeichnen den Alkohol (Äthylalkohol CH_3CH_2OH) und die Silben „propansäure" die Säure. Nun weiß der Chemiker, daß unter dem Namen Propansäure eine Säure mit 3 Kohlenstoffatomen verstanden wird mit der Strukturformel:

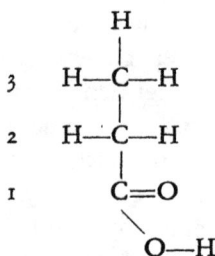

$$
\begin{array}{cc}
 & \text{H} \\
 & | \\
3 & \text{H—C—H} \\
 & | \\
2 & \text{H—C—H} \\
 & | \\
1 & \text{C=O} \\
 & \diagdown \\
 & \text{O—H}
\end{array}
$$

Die Kohlenstoffe numeriert man der Reihe nach. Der Propansäure-1-äthylester besitzt also die Formel:

$$
\begin{array}{c}
\text{H} \\
| \\
\text{H—C—H} \\
| \\
\text{H—C—H} \\
| \\
\text{C=O} \quad \text{H} \quad \text{H} \\
\backslash \quad\quad | \quad\; | \\
\text{O——C—C—H} \\
\quad\;\; | \quad\, | \\
\quad\;\; \text{H} \quad \text{H}
\end{array}
$$

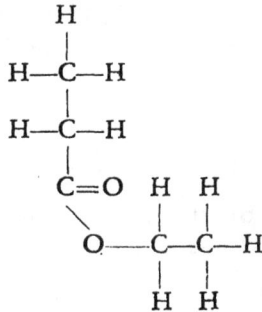

wobei die Zahl 1 angibt, daß der Esterrest beim Kohlenstoffatom Nr. 1 sitzt. Die Bezeichnungen 2-Nitroso und 2-methyl
geben kund, daß am Kohlenstoffatom Nr. 2 je ein Wasserstoffatom durch eine Nitroso- (—N=O) und eine Methyl-
gruppe (—CH$_3$) ersetzt ist. Die Strukturformel der obenbe-
zeichneten Verbindung lautet demnach:

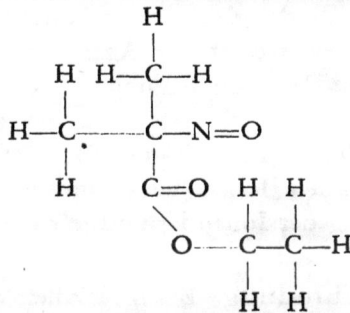

$$
\begin{array}{c}
\quad\quad\; \text{H} \\
\quad\quad\; | \\
\text{H} \quad \text{H—C—H} \\
| \quad\quad | \\
\text{H—C———C—N=O} \\
| \quad\quad\; | \\
\text{H} \quad\;\; \text{C=O} \quad \text{H} \quad \text{H} \\
\quad\quad\;\; \backslash \quad\quad | \quad\; | \\
\quad\quad \text{O——C—C—H} \\
\quad\quad\quad\;\; | \quad\, | \\
\quad\quad\quad\;\; \text{H} \quad \text{H}
\end{array}
$$

Die Summenformel davon ist, wie sich leicht übersehen läßt:
C$_6$H$_{11}$O$_3$N.

Die chemische Bindung.

Der letzte Abschnitt hat uns mit der Struktur, d. h.
der gegenseitigen Stellung und Bindung der einzelnen
Atome im Molekül, vertraut gemacht. Nun wollen wir
uns mit der Art der Bindung beschäftigen. Daß es ver-

schiedene Arten chemischer Bindung gibt, steht heute
außer Zweifel. Zunächst wollen wir die Bindungsarten
kennenlernen, die zwischen den Atomen im Einzelmolekül bestehen.

1. Bindung im Einzelmolekül.

a) Die Ionenbindung. Die anorganischen salzartigen Verbindungen wie Natriumchlorid (NaCl), Kalziumfluorid (CaF_2), ebenso die anorganischen Säuren und
Basen bestehen aus Ionen, also aus elektrisch positiv
oder negativ geladenen Atomen. Wie man sich die Ent-
stehung der Ionenverbindungen vorzustellen hat, wurde
bereits bei der Wertigkeit (s. Abb. 17 bis 22) erläutert.
Die Atome geben Elektronen ab bzw. nehmen solche
auf und gehen somit in positiv bzw. negativ geladene
Ionen über. Die Bindung der Ionen besteht nun darin,
daß sie durch die elektrostatische Anziehung zusammengehalten werden. In dampfförmigem Natriumchlorid
z. B. bewirkt also die elektrostatische Anziehung, daß
das Cl-Ion sich nicht von Na-Ion abtrennt. Die Anziehung zwischen den Ionen wirkt um so stärker, je
größer die Ladung der Ionen ist und je näher die Ionen
beieinanderliegen.

b) Die Atombindung. Bei Molekülen wie H_2, O_2,
N_2, Cl_2, CH_4 ist die Bindung ganz anderer Art. Bei diesen
findet kein Übertritt von Valenzelektronen des einen
Atoms zum anderen statt. Vielmehr schließen sich je ein
Elektron beider Atome zu einer eigenen gemeinsamen
Bahn zusammen. Diese hält die beiden Atome zusammen.
Von den Valenzelektronen wird stets ein ungepaartes
Elektron für die gemeinsame Bahn abgegeben. Da das
Chloratom 7 Elektronen in der äußersten Kugelschale

besitzt, gibt dieses für die Bildung des Moleküls Cl_2
1 Elektron ab und 3 mal 2 Elektronen bleiben auf der
äußersten Kugelschale zurück. Die in der eigenen Bahn
befindlichen 2 Elektronen gehören beiden Atomen an,
so daß bei jedem Atom die Zahl der Außenelektronen
8 beträgt. Atombindungen sind bei organischen Verbindungen vorherrschend. Maßgebend für die zur gemeinsamen Bahn zur Verfügung stehenden Elektronen
ist wie bei der Ionenbindung die Wertigkeit. Da der
Kohlenstoff im Methan (CH_4) seine 4 Valenzelektronen
abgeben kann, ist er vierwertig.. Die bei organischen Verbindungen ferner auftretenden Bindungen wie C—O,
C—N lassen sich ebenfalls als Atombindungen deuten,
jedoch befinden sich hier die gemeinsamen Elektronen
auf ihrer Bahn etwas länger bei dem einen Atom als bei
dem anderen, so daß bereits eine gewisse Annäherung an
die Ionenbildung vorliegt. Hieraus ist zu ersehen, daß es
von der Ionenbindung zur Atombindung einen kontinuierlichen Übergang gibt. Die für die beiden Bindungsarten
angeführten Beispiele sind extreme, besonders eindeutige
und anschauliche Vertreter. Bei den meisten Verbindungen läßt sich jedoch nicht mit Sicherheit angeben,
daß eine bestimmte Bindungsart vorhanden ist, sondern
nur, daß sie überwiegt, vorherrscht.

In dem Abschnitt über organische Chemie (S. 68)
wurde die doppelte und dreifache Bindung zwischen
Kohlenstoffatomen erwähnt. Diese hat man sich so vorzustellen, daß die Kohlenstoffatome statt 1 Elektron deren
2 oder 3 für die gemeinsame Bahn zur Verfügung stellen.

Die Verbindungen mit Atombindung bestehen also
nicht aus Ionen. Sie können deshalb auch in keinem
Medium gezwungen werden, in Ionen zu dissoziieren.

Jede chemische Bindung beruht also auf einem Austausch von Elektronen. Der eine Extremfall besteht darin, daß die Elektronen völlig von einem Atom zum anderen übergehen (Ionenbindung), und der andere darin, daß einige Elektronen sich nur insofern austauschen, als sie beiden Atomen gemeinsam angehören (Atombindung). Die elektrische Anziehung (Coulombsche Anziehungskräfte) hält die Atome zusammen. Diese beiden Bindungsarten treten innerhalb eines Einzelmoleküls auf. Wie wir gleich noch erfahren werden, gibt es eine dritte Art chemischer Bindung (metallische Bindung), bei der die Elektronen noch anders verteilt sind. Diese Bindungsart tritt allerdings nur in der festen Phase auf.

Zu den drei chemischen Bindungsarten gesellt sich noch eine andere, die nicht auf Elektronenaustausch beruht, demnach nicht als chemische zu bezeichnen ist. Dies ist die Bindung durch van der Waalssche Kräfte (Massenanziehung). Sie macht sich erst bemerkbar, wenn Atome nahe beieinander sind (flüssiger und fester Zustand), kann dann aber Beträge erreichen, die dem der chemischen Bindungsarten ebenbürtig sind. Als Beispiel für diese Bindungsart sei festes Argon genannt. Argon kann als Edelgas bekanntlich keine Elektronen austauschen. In kristallisiertem Argon werden die Atome allein durch van der Waalssche Kräfte zusammengehalten. Auch die Kräfte, die in Flüssigkeiten die Atome bzw. Moleküle zusammenhalten, sind von der gleichen Natur und demnach auch dieser Bindungsart zuzuordnen. Zwischen van der Waalsscher und chemischer Bindung sind keine festen Grenzen vorhanden, sondern auch da kommen Übergänge vor.

Wenn wir nun die Bindungsverhältnisse besprechen,

die sich zwischen den Einzelmolekülen auswirken, und zu diesem Zweck einige Typen herausstellen, so müssen wir uns darüber im klaren sein, daß hier bereits mehrere Bindungsarten gleichzeitig beteiligt sein können.

2. Bindung zwischen den Einzelmolekülen.

a) Das Ionengitter. Im gasförmigen Zustand bewegen sich die Moleküle frei umher. Sobald aber ein Stoff in den festen Zustand übergeführt wird, ordnen sich

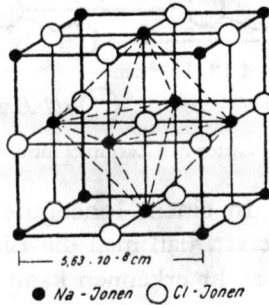

|— 5,63 . 10⁻⁸ cm —|

● Na - Jonen ○ Cl · Jonen

Abb. 25. Gitter des Natriumchlorids (NaCl).

seine Elementarteilchen zu einem „Gitter", einem Kristall. Bei anorganischen salzartigen Verbindungen, die ja, wie wir vorhin gehört haben, aus Ionen bestehen, ordnen sich nun die Ionen so an, daß ein positives Ion allseits von negativen Ionen umgeben und ein negatives von positiven eingeschlossen ist. Die Bindung ist auch hier wie bei den Einzelmolekülen elektrostatischer Natur. Abb. 25 zeigt das Gitter des Natriumchlorids. Man sieht, daß das Chlor-Ion von 6 Natrium-Ionen umgeben ist und ebenso das Natrium-Ion von 6 Chlor-Ionen. Die Abbildung stellt das Gitter nur systematisch dar. In Wirklichkeit ist

der Durchmesser der Ionen im Verhältnis zum gegenseitigen Abstand so groß, daß sich die Ionen berühren,
etwa so, wie sich die in einer Kiste gelagerten Billard-

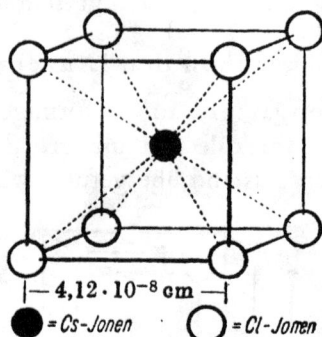

Abb. 26. Gitter des Zäsiumchlorids (CsCl).

kugeln berühren. In einem Ionengitter ist die Anordnung der Ionen derart, daß man die Einzelmoleküle der
Verbindung nicht mehr erkennen kann. Das in Abb. 25

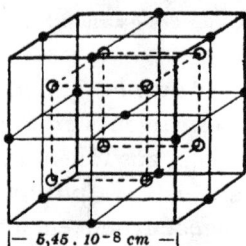

Abb. 27. Gitter des Kalziumfluorids (CaF$_2$).

dargestellte Gitter des Natriumchlorids ist als „Kochsalz-
gitter" bekannt und wegen seines einfachen Baues ein
Schulbeispiel der Strukturlehre geworden. Die Abb. 26
und 27 zeigen die Gitter des Zäsiumchlorids (CsCl) und

Kalziumfluorids (CaF_2). Bei diesen ist die Anordnung der Ionen eine andere. In welchem Gittertyp eine Verbindung kristallisiert, hängt von der Anzahl der Ionen ab und von deren Größe. Der chemische Charakter der Ionen spielt dabei eine untergeordnete Rolle. So kristallisieren chemisch sehr verschiedenartige Verbindungen wie Bariumsulfat ($BaSO_4$), Kaliumborfluorid (KBF_4) und Kaliumpermanganat ($KMnO_4$) im gleichen Gittertyp. Solche Verbindungen nennt man isomorphe Stoffe.

Löst man ein Salz in Wasser auf, so tritt das Wasser als isolierende Schicht, als Dielektrikum, zwischen die Ionen. Der Erfolg davon ist, daß die gegenseitige Anziehungskraft der Ionen stark vermindert wird und die Ionen sich frei im Wasser bewegen können. Man sagt, die Verbindung „dissoziiert" in wäßriger Lösung. Je größer die Ladung der Ionen und je kleiner ihr Abstand voneinander ist, desto schwerer löst sich das Salz in Wasser. So ist die Löslichkeit von Ionenverbindungen eine Funktion dieser Größen. Natriumfluorid (NaF) ist in Wasser schwerer löslich als Kaliumfluorid (KF) mit dem größeren Kalium-Ion, aber immerhin leichter löslich als Kalziumfluorid (CaF_2), bei dem die Anziehungskraft der Ionen infolge der größeren Ladung größer ist.

Je stärker die Bindungskräfte in einem Kristall sind, desto mehr Wärmeenergie muß man anwenden, um den Gitterverband durch den Schmelzprozeß zu zerstören oder Einzelmoleküle durch Verdampfen herauszuholen. Starke Bindungskräfte im Kristall bewirken somit einen hohen Schmelzpunkt und einen niederen Dampfdruck (hohe Siedetemperatur).

b) Das Molekülgitter. Typische Vertreter dieser Art sind die Nichtmetalle, ferner die Moleküle CO_2, SO_2

Kwasnik, Chemie.   8

und organischen Verbindungen im festen Zustand. Bei
Molekülgittern lagern sich die Elementarbausteine so zusammen, daß das Einzelmolekül im Gitter erhalten bleibt.
Die Kräfte, die die Moleküle zusammenhalten, sind
gering. Deshalb handelt es sich in der Regel um leicht
schmelzende und leicht flüchtige Verbindungen. Da die
Bindungskräfte der Atome im Einzelmolekül aneinander
abgesättigt sind, wird der Zusammenhalt im Kristall
durch van der Waalssche Kräfte bewirkt.

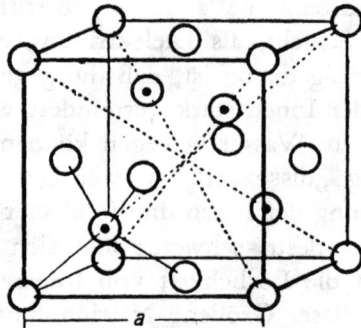

Abb. 28. Gitter des Diamanten (C) und gleichzeitig
des Zinksulfids (ZnS).

c) Das Atomgitter. Bevorzugte Repräsentanten
dieses Gitters sind der Diamant (C), das Siliziumkarbid
(SiC), ferner Zinksulfid (ZnS), Quecksilbersulfid (HgS),
Kupferchlorür (CuCl), Kupferbromür (CuBr) und Silber-
jodid (AgJ). Im Kristall des Diamanten bewirken die
vier Valenzen des Kohlenstoffs den Zusammenhalt der
Atome. Abb. 28 zeigt das Gitter des Diamanten. Jedes
Kohlenstoffatom ist von 4 Kohlenstoffatomen tetraedrisch umgeben. Die Bindung ist sehr fest. Daher
zeichnet sich der Diamant durch hohen Schmelzpunkt,

niederen Dampfdruck und durch eine auffallende Härte aus. Besetzt man die Plätze der C-Atome abwechselnd durch z. B. Zink- und Schwefel-Atome, so daß jedes Atom von 4 der anderen Atomart tetraedrisch umgeben ist, so haben wir das Gitter des Zinksulfids vor uns (Abb. 28), das in der Bindungsnatur allerdings schon zur Ionenbindung überleitet.

d) Die metallische Bindung. In einem der früheren Kapitel haben wir die Charakteristik des metallischen Zustandes bereits kennengelernt. Diese markanten Eigenschaften, wie elektrische und thermische Leitfähigkeit, Undurchsichtigkeit, leichte Verformbarkeit usw., haben ihren Ursprung in der Bindungsart der Metallatome im Kristall. Bei kristallisierten Metallen erfolgt die Bindung in der Weise, daß sich die äußersten Elektronen von den Atomen loslösen und im Gitter frei umherschweben, etwa wie die Moleküle eines Gases. Das starre Gittergerüst indessen wird aus den zurückbleibenden positiv geladenen Ionen aufgebaut. Die Bindung der Metallionen durch die zwischen dem Gitter umherschweifenden Elektronen kann verständlicherweise nicht groß sein. So z. B. genügt eine sehr geringe Wärmeenergie, um das Gitter des Quecksilbers zu zerstören (Schmelzpunkt des Quecksilbers —39° C !). Die durch frei bewegliche Elektronen bewirkte Bindungsart bei Metallen hat zur Folge, daß Verbindungen unter Metallen im festen Zustand möglich sind, bei denen die Wertigkeit unberücksichtigt bleibt. So kommen bei den sog. intermetallischen Verbindungen Formeln vor, die von der Seite der Valenz betrachtet unmöglich erscheinen, wie z. B. $NaZn_{13}$, $LiZn$, $LiAl$, $MgCu_2$, Mg_5Au_2, Li_4Pb, Mg_2Zn_{11} usw., deren Charakter als chemische Verbindung aber durch mikroskopische Untersuchung, thermische Analyse, Messung der elektrischen Leitfähigkeit, Debye-Scherrer-Aufnahme und magnetochemische Messungen sichergestellt ist. Das Gesetz der konstanten und multiplen Proportionen (S. 59) hat bei den intermetallischen Verbindungen keine strenge Gültigkeit, vielmehr ist die Zusammensetzung innerhalb gewisser Grenzen veränderlich.

Obwohl man bei einzelnen typischen Vertretern den Charakter der Bindung klar erkennen konnte, fehlte bis vor kurzem eine universelle Methode, mit der man an beliebigen Verbindungen die Bindungsart experimentell ermitteln kann. Grimm, Brill, Hermann und Peters ist es nun gelungen, eine von Bragg stammende Röntgenanalysenmethode so zu verfeinern, daß man mit ihr feststellen kann, in welcher Weise die Elektronen den Zusammenhalt der Atome bewirken.

Der wissenschaftliche Erfolg dieser neuen Methode ist ein sehr hoher. Nachdem man für die Existenz der vier Bindungsarten (Ionen-, Atom-, metallische und van der Waalssche Bindung) eine beweiskräftige Nachweismethode besitzt, tritt nämlich die schon oft versuchte Gruppierung der chemischen Verbindungen zu einer Art „Periodischen Systems der Verbindungen" (H. G. Grimm) in den Vordergrund. Man hat bereits beim Studium einfacher binärer Verbindungen gefunden, daß in bezug auf das Auftreten der vier verschiedenen Bindungsarten eine deutliche Periodizität vorhanden ist. Die metallische Bindung herrscht vor bei Verbindungen, deren Atome 1 bis 3 Valenzelektronen besitzen. Die Ionen- und Atombindung sind ebenfalls an einfache Valenzverhältnisse gebunden. Haben die Atome einer Verbindung 5 bis 7 Valenzelektronen, so sind die Voraussetzungen für die Atombindung in Kombination mit der van der Waalsschen gegeben. Zeigen sich Sprünge in den Änderungen von Eigenschaften bei benachbarten Elementen, so ist dies ein Beleg dafür, daß hier ein Wechsel in der Bindungsart vorliegt. Die Ausarbeitung eines „Systems der Verbindungen" auf Grund ihrer Bindungsarten wird uns eine klarere und wissenschaftlich begründetere Einteilung der Verbindungen bescheren, als wir sie bisher (metallische, nichtmetallische, salzartige usw.) aufzustellen vermochten.

Gewisse Zusammenhänge, die für die Zweckforschung von Wert sein dürften, sind dann aus diesem System leicht herauszulesen. So z. B. müssen alle als Schleifstoffe in Betracht kommenden Körper (Diamant, Siliziumkarbid, Borkarbid) kleine Atome in Atombindung, ausgerichtet nach allen drei Koordinaten des Raumes, besitzen; und Schmiermittel (Talk, Graphit) dürfen dagegen diese nur in zwei Richtungen des Raumes aufweisen.

3. Komplexverbindungen.

Verbindungen, die aus einem Atom und unter sich gleichartigen Atomen bestehen, nennt man binäre Verbindungen oder Verbindungen erster Ordnung. Als solche sind beispielsweise zu nennen: HCl, H_2O, CO_2, BF_3, OsO_4. Durch Vereinigung von solchen einfachen Molekülen entstehen Verbindungen höherer Ordnung, die den Namen Komplexverbindungen führen. Aus SO_3 und H_2O entsteht H_2SO_4, aus HF und SiF_4 H_2SiF_6, aus NH_3 und HCl NH_4Cl, aus KCl und $AuCl_3$ $KAuCl_4$ usw. Die Verbindungen erster Ordnung sind vollständig abgesättigte Moleküle, bei denen jedes Element seine Wertigkeit gegen das andere Element bindet. Trotzdem vereinigen sich solche Moleküle mitunter

äußerst heftig zu komplexen Verbindungen. Als Erklärung hierfür hat man früher angenommen, daß gleichzeitig mit der Anlagerung eine Erhöhung der Wertigkeit
eines Elements einhergeht, z. B.:

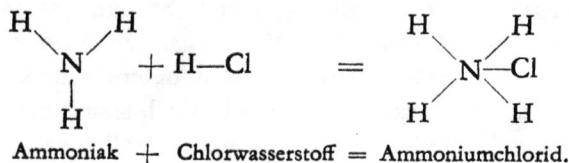

$$\underset{\text{Ammoniak}}{\begin{matrix} H \\ \diagdown \\ N \\ | \\ H \end{matrix}\ ^{H}} \quad + \quad \underset{\text{Chlorwasserstoff}}{H\!-\!Cl} \quad = \quad \underset{\text{Ammoniumchlorid.}}{\begin{matrix} H \qquad H \\ \diagdown\ \diagup \\ N\!-\!Cl \\ \diagup\ \diagdown \\ H \qquad H \end{matrix}}$$

oder eine Aufspaltung der zweifachen Valenzbindung des
Sauerstoffs unter Aufrechterhaltung der Wertigkeiten
eintritt, z. B.:

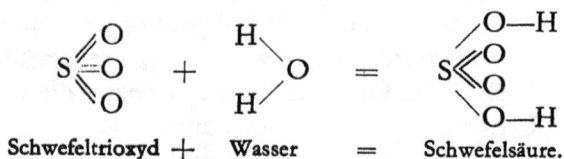

$$\underset{\text{Schwefeltrioxyd}}{S\!\!\begin{matrix} \diagup O \\ = O \\ \diagdown O \end{matrix}} \quad + \quad \underset{\text{Wasser}}{\begin{matrix} H \\ \diagdown \\ O \\ \diagup \\ H \end{matrix}} \quad = \quad \underset{\text{Schwefelsäure.}}{S\!\!\begin{matrix} \diagup O\!-\!H \\ \diagdown O \\ \diagdown O\!-\!H \end{matrix}}$$

Die erste Annahme trifft nicht zu, wie die Bestimmung der Wertigkeit verrät. Die zweite Annahme ist
für Sauerstoffverbindungen durchaus vertretbar, doch
sagt sie nichts über die Natur der bindenden Kraft aus.
Sie versagt aber ganz, wenn man sie auf das erste Beispiel
$NH_3 + HCl = NH_4Cl$ anwenden will, denn das Chlor
und der Wasserstoff sind einwertig und können somit
keine Wertigkeiten zur Brückenbildung aufspalten. Auch
läßt sich in wäßriger Lösung keine Verschiedenheit in
der Haftfestigkeit der H-Atome am Stickstoff nachweisen.
Die Bindung einfacher Verbindungen zu Komplexen
erfolgt durch nicht abgesättigte Energiebeträge, die außer
der normalen Valenzbindungsenergie noch vorhanden
sind. Sie bewirken, daß sich um ein Zentral-Atom so

viele Atome gruppieren, als darum Platz haben. Greifen wir als Beispiel die Verbindung H_2SnCl_6 (Zinnchlorwasserstoffsäure) heraus. Diese bildet sich aus $SnCl_4$ (Zinn(IV)chlorid) durch Anlagerung von 2 Molekülen HCl (Chlorwasserstoff). Um diese Anlagerung zu verstehen, müssen wir uns das Molekül räumlich vorstellen. Um das Sn-Atom (Abb. 29), das in der Abbildung als

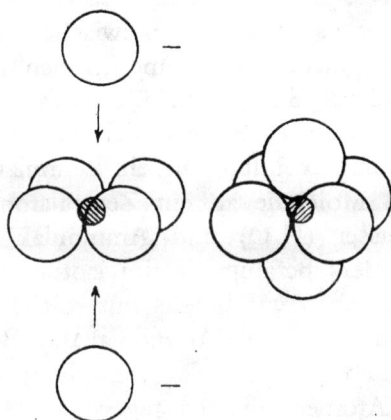

Abb. 29. Bildung des $SnCl_6$-Komplexes.

schraffierte Kugel gezeichnet ist, sind gemäß der Vierwertigkeit des Zinns 4 Cl-Atome gruppiert (unschraffierte Kugeln). Nun ist aber das Sn-Atom durch diese 4 Cl-Atome nicht vollständig umhüllt. Die elektrische Anziehungskraft, die vom Sn-Atom ausgeht, ist befähigt, aus der Umgebung noch mehr Cl-Atome anzuziehen. So werden 2 Cl-Atome des Chlorwasserstoffs an das Sn-Atom angelagert. Dadurch ist nun das Sn-Atom vollständig von Cl-Atomen umgeben, wie dies aus der Abbildung ersichtlich ist. Das eingeschlossene Atom nennt

man Zentralatom, die umhüllenden Atome oder Moleküle heißen Liganden. Mehr als 6 Cl-Atome haben um
das Sn-Atom keinen Platz. Die beiden H-Atome von
Chlorwasserstoff sind vom Sn-Atom weiter entfernt als
die Cl-Atome. Daher ist der Wasserstoff in der Verbindung nicht so stark gebunden. Dies zeigt am anschau-
lichsten das Verhalten der Zinnchlorwasserstoffsäure
gegenüber Wasser. Bringt man H_2SnCl_6 in Wasser, so
tritt das Wasser als Dielektrikum zwischen H_2 und $SnCl_6$,
so daß positiv geladene H-Atome („Ionen") und ebenso
negativ geladene $SnCl_6$-Moleküle („Ionen") sich in
Wasser frei bewegen. So wie sich in diesem Beispiel
Atome bei Komplexbildung um ein Zentralatom scharen,
können auch Moleküle an ein Zentralatom angelagert
werden. Wasser (H_2O) und Ammoniak (NH_3) sind
hierfür besonders befähigt. Beim isothermen und isobaren Abbau haben wir bereits mit solchen komplexen
Verbindungen (Hydrate, Ammoniakate) Bekanntschaft
gemacht. Während es bei der Umhüllung des Zentralatoms mit Atomen die entgegengesetzte elektrische
Ladung war, die zur Anlagerung befähigte, ist es bei der
Bindung von Molekülen die Ladungsverschiebung innerhalb des anzulagernden Moleküls. Das Wasser hat die
Struktur

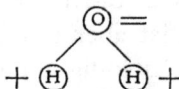

In einem solchen Molekül fällt der Mittelpunkt der Ladung
nicht mit dem Mittelpunkt der Masse zusammen. (Moleküle, bei denen Schwerpunkt der Masse und elektrische
Ladung nicht identisch sind, nennt man Dipole.) Solche
Ladungsverschiebungen innerhalb des Moleküls machen

dieses für die Anlagerung geeignet. Während NH_3 und H_2O Dipole von Natur aus sind, kommen bisweilen Anlagerungen von Molekülen vor, die keine Dipole sind, Bei diesen wird jedoch bei der Anlagerung die Elektronenhülle durch das Zentralatom deformiert, eingedrückt, so daß dadurch im Molekül ein Dipolmoment entsteht. Man nennt diese Form der Dipole „induzierte Dipole".

Wir haben an dem Beispiel H_2SnCl_6 gesehen, daß an das Sn-Atom maximal 6 Cl-Atome komplex gebunden werden können. Die Zahl der Atome oder Moleküle, die ein Atom maximal zu binden vermag, nennt man die Koordinationszahl. Wohlgemerkt, diese Koordinationszahl ist nicht identisch mit der Valenz! (In der Zinnchlorwasserstoffsäure ist die Valenz des Zinns 4, während die Koordinationszahl 6 beträgt.) Außer der Zahl 6 kommen noch die verschiedensten Werte vor, so z. B. 2 (bei $KCu(CN)_2$), 4 (bei H_2SO_4, $K_2Pt(CN)_4$) und 8 (bei $K_4Mo(CN)_8$) vor. Für die Koordinationszahl ist entscheidend, wieviel Atome oder Atomgruppen in möglichst gleichmäßiger Anordnung, etwa wie sie durch die Ecken von Oktaeder, Würfel oder Tetraeder gegeben sind, um ein Zentralatom Platz haben. 4 Liganden bilden ein Tetraeder, 6 ein Oktaeder und 8 einen Würfel. Wegen dieser räumlichen Verhältnisse sind als Koordinationszahl die geraden Zahlen 4, 6, 8 vor den ungeraden bevorzugt. Letzten Endes ist somit die Größe der Atomradien bei Zentralatom und Liganden für die Koordinationszahl bestimmend und die Frage nach der Koordinationszahl eine geometrische Angelegenheit. Die treibende Kraft beruht in dem Bestreben der Atome und Atomgruppen, das Zentralatom möglichst vollständig in dichtester Gruppierung ("dichtester Kugelpackung") zu umschließen. Je vollständiger diese Anordnung ist, desto stabiler ist der Komplex. Die Komplexbildung ist für den Chemiker nicht nur von theoretischem Interesse, sondern sie wirkt sich praktisch entscheidend aus, indem die komplex gebundenen Partner (Zentralatom und Liganden) nicht die für sie typische Reaktion geben, sondern sich wie neue Molekülgruppen verhalten. In der Verbindung $K_4Fe(CN)_6$, Kaliumferrozyanid, gelbes Blutlaugensalz, fällt bei der üblichen Probe auf Zyan (CN) mit Silbernitrat kein weißes Silberzyanid aus, und bei der Probe auf zweiwertiges Eisen durch Hinzufügen von Ammoniumsulfid fällt kein Eisensulfid aus. Versetzt man aber die wäßrige Lösung dieser komplexen Verbindung mit Eisen(III)chlorid ($FeCl_3$), so fällt ein tiefblauer Niederschlag von Ferriferrozyanid, Berliner Blau, $Fe_4Fe_3(CN)_{18}$, aus, was als eine typische Reaktion des $Fe(CN)_6$-Komplexes bekannt ist. Will man die Bestandteile des Komplexes einzeln nachweisen, so muß der Komplex zuvor zerstört werden. Beim Kaliumferrozyanid gelingt dies z. B. durch Kochen mit konzentrierter Schwefelsäure.

4. Raumchemische Betrachtungen.

Wir haben eben gesehen, daß die geometrischen Verhältnisse bei der Komplexbildung einen entscheidenden Einfluß ausüben. Diese raumchemischen Bedingungen sind aber nicht nur bei Komplexverbindungen, sondern bei allen Molekülen ganz allgemein für ihre Existenz, Nichtexistenz und Stabilität mitbestimmend. So z. B. kennt man eine sehr stabile Verbindung SF_6. Die Stabilität zeugt davon, daß das sechswertige Schwefelatom sehr dicht und gleichmäßig von den Fluoratomen eingeschlossen ist. Eine Verbindung SCl_6 oder SBr_6 ist hingegen bisher nicht bekannt. Nach der Valenzlehre müßte diese zwar möglich sein, doch geht dies aus raumchemischen Gründen nicht. Da das Cl- bzw. das Br-Atom viel größer als das F-Atom ist und im SF_6 das sechswertige S-Atom bereits dicht umhüllt ist, hätten um das sechswertige S-Atom 6 Cl- oder gar Br-Atome keinen Platz. Das vierwertige S-Atom hingegen braucht nur 4 einwertige Atome zu binden. Es haben um dieses auch größere Atome Platz. Aus diesem Grunde existiert neben einem SF_4 auch ein SCl_4. Um 4 Br-Atome um das vierwertige S-Atom zu gruppieren, reicht allerdings der Platz nicht aus. Deshalb ist ein SBr_4 nicht existenzfähig, und wenn es wirklich einmal gelingen sollte, ein solches herzustellen, dann wird es sicher sehr instabil sein. Von der Größe der Atomradien ist auch die Bindungsfestigkeit abhängig. Je größer die Atome sind, d. h. je weiter die Mittelpunkte der Atome voneinander entfernt sind, desto schwächer ist die Bindungsfestigkeit, da ja nach dem Coulombschen Gesetz $\frac{e_1 \cdot e_2}{r^2}$ die Anziehungskraft mit dem Quadrate der Entfernung abnimmt. SF_4 ist daher stabiler als SCl_4 und dieses wieder beständiger als das noch hypothetische SBr_4. Eine weitere Eigenschaft, die durch die raumchemischen Bedingungen ihre Erklärung findet, ist die Flüchtigkeit. Je besser bei einer Verbindung das Zentralatom durch die übrigen Atome in dichtester Kugelpackung umhüllt ist, desto flüchtiger ist die Verbindung. An dem Beispiel Antimon wollen wir dies verfolgen: Die Verbindung SbF_3, Antimon(III)-fluorid, erreicht den Dampfdruck von einer Atmosphäre bei 319^0 C. Das $SbCl_3$ besitzt diesen Dampfdruck bereits bei 219^0 C. Offensichtlich ist das Sb-Atom durch die 3 Cl-Atome besser umhüllt als durch die kleineren 3 Fluor-Atome. Der Umhüllungsgrad ist aber bei den 3 Cl-Atomen beim Optimum angelangt. Schart man um das dreiwertige Sb-Atom 3 Br-Atome, so haben diese nicht mehr recht Platz daran. Daher ist das $SbBr_3$ nicht so leicht flüchtig wie das $SbCl_3$. Sein Siedepunkt liegt bei 280^0 C.

Bisher haben wir die Atome der Anschaulichkeit halber stets als starre Kugeln betrachtet. In Wirklichkeit sind die Elektronenhüllen jedoch anpassungsfähig, so daß durch „Deformation" der Atome eine Umhüllung des Zentralatoms möglich wird. Manche Forscher nehmen auch eine „gegenseitige Durchdringung" der Elektronenhüllen an, was praktisch auf das gleiche herauskommt. Durch Annahme einer Deformation bzw. Durchdringung ist es zu erklären, daß Verbindungen existenzfähig sind, bei denen die Liganden das Zentralatom nicht in dichtester Kugelpackung umhüllen könnten, wenn die Elektronenhüllen starre Kugeln wären. Die Deformation bzw. Durchdringung der Atome geht jedoch nur bis zu bestimmten Grenzen vor sich.

Wie wir aus den Beispielen ersehen haben, bringen die raumchemischen Betrachtungen in manchen scheinbar unerklärlichen oder anomalen Befund Licht hinein. Die Raumchemie ist ein noch sehr junges Arbeitsgebiet; ihre bisherigen Ergebnisse sind noch lange nicht als abgeschlossen zu betrachten. Doch ist vorauszusehen, daß durch die raumchemische Forschung an Hand des Periodischen Systems noch viele Gesetzmäßigkeiten aufgefunden werden, die den Überblick über das riesige Gebiet der chemischen Verbindungen erleichtern.

III. Hauptteil: Chemische Reaktion.

Definition.

Tritt in einem Stoffsystem bei gleichzeitiger Energie-auf- oder -abnahme eine stoffliche Veränderung ein, so nennt man diesen Vorgang eine chemische Reaktion. Es ist gleichgültig, ob es sich hierbei um einen einzigen Stoff handelt, der in seine chemischen Bestandteile zerfällt, ob sich aus zwei Stoffen ein neuer bildet oder ob zwei Stoffe sich zu zwei neuen umwandeln. Durch unzählige experimentelle Verfolgungen chemischer Vorgänge kam man zu dem Ergebnis, daß sich bei Umsetzungen das Gesamtgewicht der an der Reaktion teilnehmenden Stoffe nicht ändert. Dieses zuerst von Lavoisier erkannte „Gesetz von der Erhaltung der Masse" besagt, daß bei einer chemischen Reaktion das Gewicht der Reaktions-produkte gleich dem der Ausgangsstoffe ist. Es ist hierbei belanglos, ob die Reaktion direkt bis zum End-produkt durchgeht oder über mehrere Zwischenstufen verläuft. Die mit der Reaktion zwangläufig verbundene Energieänderung bedeutet für das Gesetz von der Er-haltung der Masse keinen Widerspruch, denn die Massen-änderung, die durch die Energieänderung bewirkt wird, ist, wie wir S. 20 gehört haben, so gering, daß sie un-bedenklich vernachlässigt werden kann.

Wie uns schon bekannt ist, bilden sich chemische Individuen nicht in willkürlichen Mengenverhältnissen,

sondern stets in konstanten, den Atomgewichten entsprechenden Gewichtseinheiten. Dies hat für die chemische Reaktion zur Folge, daß jede chemische Reaktion
gewichtsmäßig mit mathematischer Genauigkeit formu-
lierbar ist. So kommt man zur chemischen Gleichung, von
der wir im letzten Kapitel schon öfter Gebrauch gemacht
haben, ohne auf ihren Sinn näher einzugehen. Wie jede
mathematische Gleichung muß auch die chemische Formulierung „stimmen". Greifen wir einmal willkürlich die
Reaktionsgleichung

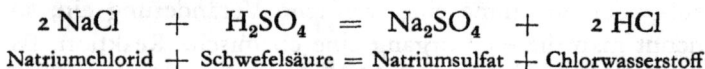

$$2 \, NaCl \quad + \quad H_2SO_4 \quad = \quad Na_2SO_4 \quad + \quad 2 \, HCl$$

Natriumchlorid + Schwefelsäure = Natriumsulfat + Chlorwasserstoff

heraus. Die Atome auf der linken Seite der Gleichung
müssen genau von der gleichen Anzahl sein wie auf der
rechten. Will oder kann man einen Reaktionsverlauf
nicht genau definieren, sondern nur irgendein Reaktionsprodukt kennzeichnen, das bei der Reaktion entsteht,
dann schreibt man den Verlauf der obigen Reaktion z. B.
in der Weise:

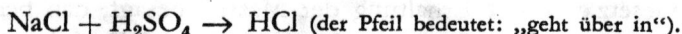

$$NaCl + H_2SO_4 \rightarrow HCl \quad \text{(der Pfeil bedeutet: „geht über in")}.$$

Dieses Schema besagt lediglich, daß sich bei der Umsetzung von Natriumchlorid mit Schwefelsäure Chlorwasserstoff bildet. In welchem Mengenverhältnis dies
geschieht und ob sich gleichzeitig auch andere Stoffe
bilden, steht hierbei nicht zur Diskussion. Eine Reaktion
ist erst dann eindeutig erfaßt, wenn man die mathematische Gleichung in allen Einzelheiten experimentell
bestätigt hat. Viele Formulierungen sind nämlich
mathematisch möglich, treffen aber in Wirklichkeit
nicht zu.

Unter den chemischen Reaktionen gibt es viele, die in ihrem Schema gleich sind und deshalb besondere Namen führen. Wir wollen diese kennenlernen.

Unter Synthese versteht man den Aufbau chemischer Verbindungen aus den Elementen, z. B. die Bildung von Chlorwasserstoff aus Chlor und Wasserstoff:

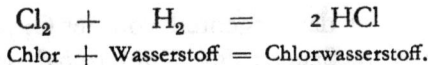

$$Cl_2 \quad + \quad H_2 \quad = \quad 2\,HCl$$
Chlor + Wasserstoff = Chlorwasserstoff.

Das Gegenteil ist der Abbau oder die Zersetzung (auch Analyse genannt). Chlorwasserstoff läßt sich mit Hilfe des elektrischen Stromes in seine Elemente spalten:

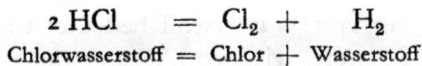

$$2\,HCl \quad = \quad Cl_2 + \quad H_2$$
Chlorwasserstoff = Chlor + Wasserstoff

Reagieren zwei Stoffe miteinander unter Bildung von zwei neuen, so nennt man dies doppelter Umsatz. Natriumchlorid und Silbernitrat setzen sich um zu Silberchlorid und Natriumnitrat:

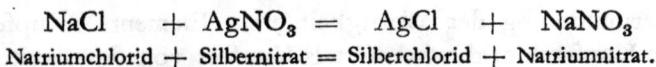

$$NaCl \quad + AgNO_3 = \quad AgCl \quad + \quad NaNO_3$$
Natriumchlorid + Silbernitrat = Silberchlorid + Natriumnitrat.

Die Aufnahme von Sauerstoff heißt Oxydation. Quecksilber wird zu Quecksilberoxyd oxydiert:

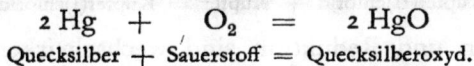

$$2\,Hg \quad + \quad O_2 \quad = \quad 2\,HgO$$
Quecksilber + Sauerstoff = Quecksilberoxyd.

Die Entfernung von Wasserstoff aus einer Verbindung rechnet ebenfalls zur Oxydation. Ammoniak läßt sich durch Sauerstoff zu Stickstoff oxydieren:

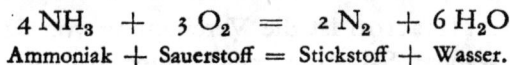

$$4\,NH_3 \quad + \quad 3\,O_2 \quad = \quad 2\,N_2 \quad + 6\,H_2O$$
Ammoniak + Sauerstoff = Stickstoff + Wasser.

In der verallgemeinerten Fassung versteht man unter Oxydation die Erhöhung der Wertigkeit eines Elements. Zinn wird von der zweiten zur vierten Wertigkeitsstufe mittels Chlors oxydiert:

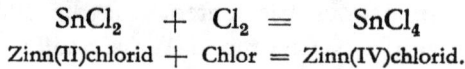

$$SnCl_2 \quad + \quad Cl_2 \quad = \quad SnCl_4$$

Zinn(II)chlorid + Chlor = Zinn(IV)chlorid.

Reduktion ist das Gegenteil von der Oxydation, die Entfernung von Sauerstoff. Kupferoxyd wird durch Wasserstoff zu Kupfer reduziert:

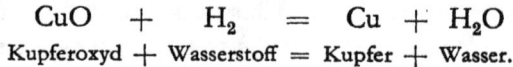

$$CuO \quad + \quad H_2 \quad = \quad Cu + H_2O$$

Kupferoxyd + Wasserstoff = Kupfer + Wasser.

Die Zuführung von Wasserstoff bedeutet ebenfalls eine Reduktion. Schwefel wird von Wasserstoff zu Schwefelwasserstoff reduziert:

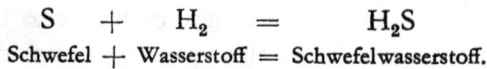

$$S \quad + \quad H_2 \quad = \quad H_2S$$

Schwefel + Wasserstoff = Schwefelwasserstoff.

In der verallgemeinerten Form bedeutet Reduktion die Verminderung der Wertigkeit eines Elements. Kupfer im Kupferchlorid wird mittels Kupfers von der zweiten zur ersten Wertigkeitsstufe reduziert:

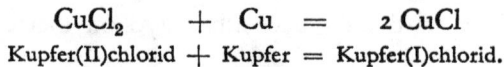

$$CuCl_2 \quad + \quad Cu \quad = \quad 2\,CuCl$$

Kupfer(II)chlorid + Kupfer = Kupfer(I)chlorid.

Oxydation und Reduktion sind wechselwirkende Vorgänge. Wie aus den Beispielen für Oxydation und Reduktion hervorgeht, wird bei Oxydation gleichzeitig der oxydierende Stoff reduziert und bei der Reduktion der reduzierend wirkende Stoff oxydiert.

Neutralisation ist die Vereinigung von Säure und Base zu einem Salz, die meist unter Abspaltung von

Wasser vor sich geht. Chlorwasserstoffsäure wird durch Natronlauge neutralisiert:

$$HCl \quad + \quad NaOH \quad = \quad NaCl \quad + \quad H_2O$$

Chlorwasserstoffsäure $+$ Natronlauge $=$ Natriumchlorid $+$ Wasser.

Unter Hydrolyse versteht man den Vorgang, daß sich die Ionen des Wassers (H- und OH-Ionen) bei der Lösung eines Stoffes in Wasser beteiligen, indem sie sich mit dessen Ionen verbinden. Borchlorid erleidet beim Lösen in Wasser Hydrolyse und geht in Borsäure und Chlorwasserstoff über:

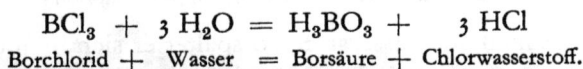

$$BCl_3 \quad + \quad 3\,H_2O \quad = \quad H_3BO_3 \quad + \quad 3\;HCl$$

Borchlorid $+$ Wasser $=$ Borsäure $+$ Chlorwasserstoff.

Kalziumsulfid geht mit Wasser in Kalziumhydroxyd und Schwefelwasserstoff über:

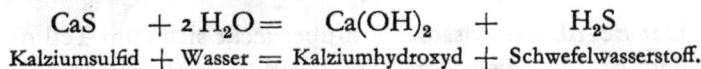

$$CaS \quad + 2\,H_2O = \quad Ca(OH)_2 \quad + \quad H_2S$$

· Kalziumsulfid $+$ Wasser $=$ Kalziumhydroxyd $+$ Schwefelwasserstoff.

Die Hydrolyse ist also in gewisser Hinsicht das Gegenteil von der Neutralisation.

Verestern nennt man die Umsetzung einer Säure mit einem Alkohol zu einem Ester unter Wasserabspaltung. Essigsäure wird mit Äthylalkohol zu Essigsäureäthylester verestert:

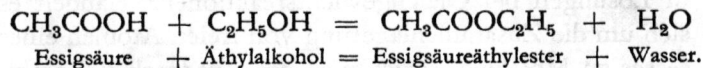

$$CH_3COOH \quad + \quad C_2H_5OH \quad = \quad CH_3COOC_2H_5 \quad + \quad H_2O$$

Essigsäure $+$ Äthylalkohol $=$ Essigsäureäthylester $+$ Wasser.

Der entgegengesetzte Vorgang zur Veresterung ist die Verseifung, nämlich die Spaltung eines Esters mittels Wassers in Alkohol und Säure. Essigsäureäthylester geht beim Kochen mit Wasser in Äthylalkohol und Essigsäure über:

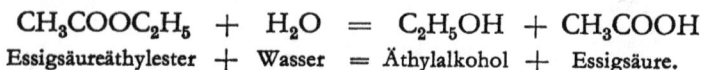

$$CH_3COOC_2H_5 \; + \; H_2O \; = \; C_2H_5OH \; + \; CH_3COOH$$
Essigsäureäthylester $+$ Wasser $=$ Äthylalkohol $+$ Essigsäure.

Die Verseifung stellt einen Spezialfall von Hydrolyse dar.

Dissoziation ist die Spaltung einer Verbindung. Löst man Natriumchlorid in Wasser, so spaltet es sich in Natrium- und Chlorionen auf (elektrolytische Dissoziation):

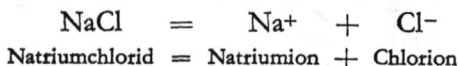

$$NaCl \; = \; Na^+ \; + \; Cl^-$$
Natriumchlorid $=$ Natriumion $+$ Chlorion

Erhitzt man Jodwasserstoff, so spaltet er sich in Jod und Wasserstoff (thermische Dissoziation):

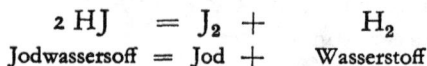

$$2\,HJ \; = \; J_2 \; + \; H_2$$
Jodwassersoff $=$ Jod $+$ Wasserstoff

Der Begriff der Dissoziation überdeckt sich zum Teil mit dem des Abbaus. Unter Dissoziation versteht man allerdings nur die Spaltung bei Gleichgewichtsreaktionen in der Gasphase oder in Lösungen.

Assoziation ist das Gegenteil von der Dissoziation. Dieser Begriff überschneidet sich teilweise mit dem der Synthese. Von Assoziierung spricht man wie bei der Dissoziierung nur bei Vorgängen in der Gasphase und in Lösungen bei Gleichgewichtsreaktionen. Handelt es sich um die Zusammenlagerung von freien Atomen eines Gases zu Molekeln, so ist auch der Ausdruck Rekombination gebräuchlich.

Unter Polymerisation versteht man die Zusammenlagerung von einfachen gleichartigen Molekülen zu höhermolekularen. Chlorzyan polymerisiert sich zu

Zyanurchlorid:

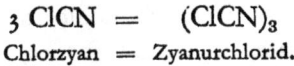

$$3 \text{ ClCN} = (\text{ClCN})_3$$

Chlorzyan = Zyanurchlorid.

Das Gegenteil von der Polymerisation ist die Depolymerisation. Zyanurchlorid spaltet sich beim Erhitzen in 3 Moleküle Chlorzyan. Bei der Depolymerisation entstehen aus höhermolekularen Verbindungen einfachere gleichartige Moleküle.

Chemische Kondensation ist die Zusammenlagerung gleichartiger oder verschiedenartiger Verbindungen zu höhermolekularen Verbindungen unter Wasseraustritt. Azetaldehyd kondensiert sich z. B. zu Krotonaldehyd:

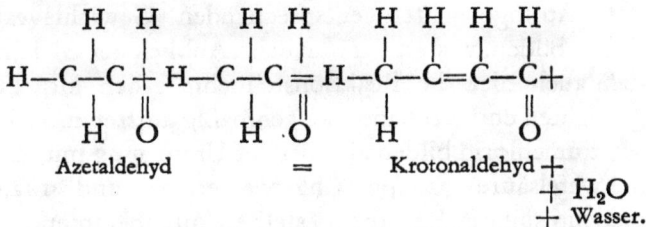

$$
\begin{array}{ccccccc}
\text{H} & \text{H} & & \text{H} & \text{H} & & \text{H} \quad \text{H} \quad \text{H} \quad \text{H} \\
| & | & & | & | & & | \quad | \quad | \quad | \\
\text{H}-\text{C}-\text{C} & + & \text{H}-\text{C}-\text{C} & = & \text{H}-\text{C}-\text{C}=\text{C}-\text{C}+ \\
| & \| & & | & \| & & | \qquad\qquad \| \\
\text{H} & \text{O} & & \text{H} & \text{O} & & \text{H} \qquad\qquad \text{O}
\end{array}
$$

Azetaldehyd = Krotonaldehyd +
$$+ \text{H}_2\text{O}$$
+ Wasser.

Unter physikalischer Kondensation versteht man die Überführung eines gasförmigen Stoffes in den flüssigen oder festen Aggregatzustand. Wasserdampf wird z. B. durch Abkühlung zu Wasser kondensiert.

Die mathematische Formulierung einer chemischen Reaktion gestattet eine Berechnung der Mengen der Reaktionsteilnehmer, was für die quantitative Erfassung eines chemischen Vorgangs von großer Wichtigkeit ist. An der Reaktionsgleichung

$$2 \text{ NaCl} + \text{H}_2\text{SO}_4 = 2 \text{ HCl} + \text{Na}_2\text{SO}_4$$

wollen wir eine Rechnung durchführen, um den Ansatz zum chemischen Rechnen zu zeigen. Es soll z. B. be-

9*

rechnet werden, wieviel Gramm Chlorwasserstoff durch Zersetzung von 100 g Natriumchlorid erhalten werden können. Das erste, was man macht, wenn man eine chemische Rechnung durchführt, ist die Aufstellung der Reaktionsgleichung. Also:

$$2 \, NaCl + H_2SO_4 = 2 \, HCl + Na_2SO_4.$$

Als zweites schreibt man die Molekulargewichte unter die Formeln:

$$2 \cdot 58,46 + 98,09 = 2 \cdot 36,47 + 142,07.$$

Nachdem wir in früheren Kapiteln bereits erfahren haben, daß sich chemische Verbindungen stets in konstanten, den Atomgewichten entsprechenden Gewichtsverhältnissen bilden, wissen wir nun beim Anblick der Gleichung, daß auch hier die Reaktionsteilnehmer den Molekulargewichten entsprechend mengenmäßig auftreten. 116,92 g Natriumchlorid bilden also bei der Umsetzung mit 98,09 g Schwefelsäure 72,94 g Chlorwasserstoff und 142,07 g Natriumsulfat. Für die gestellte Aufgabe interessieren uns nur Natriumchlorid und Chlorwasserstoff. Wir stellen also den Ansatz auf:

$$116,92 \, g \, NaCl \, liefern \, 72,94 \, g \, HCl$$
$$100,00 \,,, \quad ,, \quad ,, \quad ? \,,, \quad ,,$$

und erhalten: $\dfrac{72,94 \cdot 100}{116,92} = \mathbf{62,38 \, g}$ Chlorwasserstoff.

Experimentelle Verfolgung einer Reaktion.

Beobachtet man eine neue Reaktion, so ist zur Aufstellung der Reaktionsgleichung die experimentelle Verfolgung des Vorgangs erforderlich. Wir greifen zur Er-

läuterung die Umsetzung von Natriumsulfat mit Bariumchlorid heraus. Setzt man zu einer wäßrigen Lösung von
Natriumsulfat eine Lösung von Bariumchlorid zu, so fällt
ein weißer Niederschlag von Bariumsulfat aus. Es
kommen mathematisch etwa folgende Formulierungen
für eine solche Reaktion in Betracht:

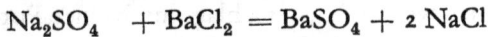

$$Na_2SO_4 + BaCl_2 = BaSO_4 + 2\,NaCl$$
$$Na_2SO_4 + BaCl_2 = BaO + SO_2 + Na_2O + Cl_2$$
$$2\,Na_2SO_4 + BaCl_2 = BaSO_4 \cdot Na_2SO_4 + 2\,NaCl.$$

Aus diesen Gleichungen ersieht man schon, daß eine
experimentelle Prüfung unbedingt nötig ist, um über
den wahren Reaktionsverlauf Aufschluß zu erhalten. Als
erstes wird qualitativ geprüft, welche Stoffe bei der
Umsetzung entstehen. Die qualitative Analyse zeigt, daß
der weiße Niederschlag Bariumsulfat ($BaSO_4$) ist und
daß in der Lösung Natriumchlorid (NaCl) zurückbleibt.
Bei der quantitativen Untersuchung geht man von
einer bestimmten Menge Natriumsulfat, z. B. $^1/_{10}$ Mol
($= 14,207$ g) aus. Diese Menge lösen wir in Wasser und
versetzen sie, um eine saubere Abscheidung von Bariumsulfat zu erreichen, mit etwas Salzsäure. Gleichzeitig
bereiten wir aus Bariumchlorid eine 10proz. Lösung
(d. h. in 100 cm³ befinden sich 10 g $BaCl_2$) und lassen
nun mit Hilfe einer Bürette (d. i. ein mit einer Skala ver-
sehenes Meßrohr) tropfenweise diese Lösung zu der
Natriumsulfatlösung zutropfen, bis kein weißer Niederschlag mehr ausfällt. Man liest an der Skala der Bürette
die verbrauchte Menge Bariumchloridlösung ab und
findet 208,27 cm³, das entspricht also 20,827 g $BaCl_2$.
Da das Molekulargewicht des Bariumchlorids 208,27
beträgt, wurde demnach auf $^1/_{10}$ Mol Natriumsulfat

$^1/_{10}$ Mol Bariumchlorid verbraucht. Bei weiterer Zugabe
von Bariumchlorid würde kein Bariumsulfat mehr aus-
fallen. Dies bezeugt, daß mit überschüssigem Bariumchlorid keine Reaktion mehr stattfindet. Nun kommt
es als nächstes darauf an, die sich bildende Menge Bariumsulfat zu bestimmen. Dies ist relativ einfach. Man filtriert
den erhaltenen weißen Niederschlag durch einen Porzellan-
tiegel mit porösem Boden, wäscht den Niederschlag
im Tiegel, um anhaftende andere Substanzen zu entfernen, mit Wasser, glüht den Niederschlag mäßig und
wägt ihn hernach. Wir stellen fest, daß der Filtertiegel
23,342 g BaSO$_4$ enthält ($= ^1/_{10}$ Mol). Schließlich muß
auch noch das sich bildende Natriumchlorid erfaßt werden.
Zu diesem Zweck dampfen wir die durch den Filtertiegel
gegossene Lösung ein und erhalten als Rückstand ein
trockenes Salz (Natriumchlorid), dessen Gewicht 11,692 g
($= ^2/_{10}$ Mol) beträgt. Die Untersuchung hat somit ergeben, daß bei der Umsetzung von Natriumsulfat mit
Bariumchlorid 1 Mol Natriumsulfat mit 1 Mol Bariumchlorid reagiert und hierbei 1 Mol Bariumsulfat und
2 Mole Natriumchlorid bildet. Die Reaktionsgleichung
lautet für diesen Vorgang demnach:

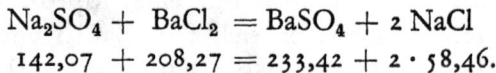

$$Na_2SO_4 + BaCl_2 = BaSO_4 + 2 NaCl$$
$$142,07 + 208,27 = 233,42 + 2 \cdot 58,46.$$

Die Untersuchung einer Reaktionsgleichung ist keineswegs nach einem Schema durchführbar, sondern muß
naturgemäß den Eigenschaften der Reaktionsteilnehmer
entsprechend ausgearbeitet werden. Besonders schwierig
gestaltet sich die experimentelle Verfolgung einer Reaktion,
wenn man es mit wenig stabilen Verbindungen zu
tun hat.

Chemische Reaktion und Phase.

Befinden sich bei einer Reaktion die Ausgangsstoffe in der gleichen Phase[1]), so spricht man von einer homogenen Reaktion. Im gasförmigen Zustand spielt sich z. B. die „Knallgasreaktion" ab, bei der sich Wasserstoff und Sauerstoff zu Wasser vereinigen:

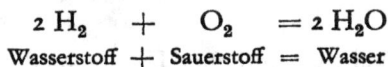

$$2\,H_2 \quad + \quad O_2 \quad = 2\,H_2O$$

Wasserstoff + Sauerstoff = Wasser

Ein Beispiel für eine Reaktion zwischen flüssigen Medien (in homogener Phase) ist die Umsetzung von Essigsäure mit Alkohol zu Essigester:

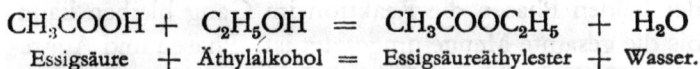

$$CH_3COOH + C_2H_5OH = CH_3COOC_2H_5 + H_2O$$

Essigsäure + Äthylalkohol = Essigsäureäthylester + Wasser.

(Essigsäure und Äthylalkohol sind miteinander mischbar, bilden also 1 Phase.) Reaktionen zwischen Stoffen in verschiedenen Aggregatzuständen sind ebenfalls möglich, z. B. ist die Lösung von Schwefeldioxyd in Wasser ein solcher Vorgang:

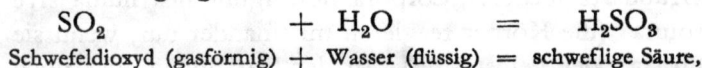

$$SO_2 \qquad + H_2O \qquad = \qquad H_2SO_3$$

Schwefeldioxyd (gasförmig) + Wasser (flüssig) = schweflige Säure,

oder die Absorption von Kohlendioxyd durch Kalziumoxyd:

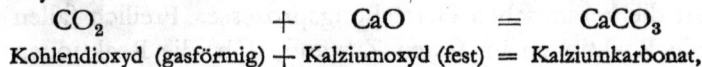

$$CO_2 \qquad + \quad CaO \qquad = \qquad CaCO_3$$

Kohlendioxyd (gasförmig) + Kalziumoxyd (fest) = Kalziumkarbonat,

ferner die Umsetzung von Kalziumkarbonat mit Salzsäure:

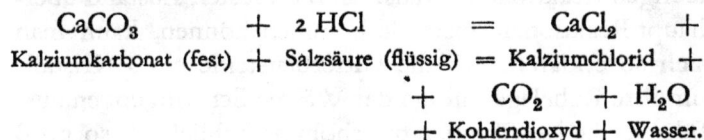

$$CaCO_3 \qquad + \quad 2\,HCl \qquad = \qquad CaCl_2 \quad +$$

Kalziumkarbonat (fest) + Salzsäure (flüssig) = Kalziumchlorid +

$$+ \quad CO_2 \quad + H_2O$$

+ Kohlendioxyd + Wasser.

Bei Reaktionen im gleichen Aggregatzustand, aber verschiedener Phase, z. B. die Verseifung von Essigsäureäthylester mit Wasser:

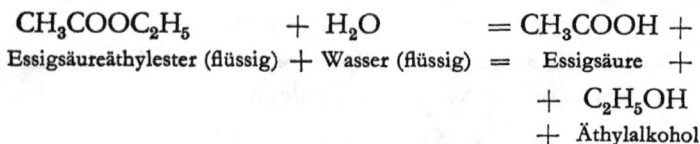

$$CH_3COOC_2H_5 \qquad + H_2O \qquad = CH_3COOH +$$

Essigsäureäthylester (flüssig) $+$ Wasser (flüssig) $=$ Essigsäure $+$

$$+ C_2H_5OH$$

$+$ Äthylalkohol

besteht auch kein wesentlicher Unterschied. (Essigsäureäthylester und Wasser sind nicht mischbar, bilden also 2 Phasen.) Man muß in diesem Falle nur für gute Durchmischung sorgen, damit durch eine ständige Berührung der beiden Phasen die Reaktion im Gang bleiben kann, bis die gesamte Menge umgesetzt ist. Phasen und Aggregatzustände bedingen also bei der chemischen Reaktion keine grundsätzlichen Unterschiede. Was findet nun statt, wenn sich zwei feste Phasen gegenüberstehen? Die Alten konnten zwischen festen Substanzen keine Reaktionen beobachten und legten diese Erfahrung in dem Grundsatz nieder: „Corpora non agunt nisi fluida sive soluta" (die Körper reagieren miteinander nur, wenn sie flüssig oder gelöst sind). In der Tat finden aber doch Reaktionen im festen Zustand statt, man denke nur an die bereits technisch betriebene Zementherstellung oder an die keramischen Herstellungsprozesse. Freilich fallen die Reaktionen im festen Zustand, d. h. die Reaktionen zwischen zwei Kristallen, aus dem Rahmen der uns geläufigen Reaktionen heraus. Daß im festen Zustand überhaupt Reaktionen zustande kommen können, kann man sich so erklären, daß die Gitterbausteine eines Kristalls um ihre Ruhelage infolge der Wärme Schwingungen ausführen, die bei Temperaturerhöhung schließlich so groß werden, daß die Gitterbausteine in den Kraftbereich eines anderen Gitterbausteins kommen und mit diesem den Platz wechseln. Die erforderliche Beweglichkeit der Bausteine eines Kristalls ist ungefähr bei 0,7 der Schmelztemperatur (in absoluten Graden gemessen) bereits erreicht. Mit dieser Erklärung ist aber nur die Reaktion an der Oberfläche fester Körper zu deuten. Das weitere Vordringen der Reaktion in die Tiefe beruht auf Diffusion einer Komponente durch das Reaktionsprodukt hindurch. Jander und Scheele haben dies bei der Bildung von Magnesiumorthotitanat (Mg_2TiO_4) aus MgO und TiO_2 nach der Gleichung $2\,MgO + TiO_2 = Mg_2TiO_4$ feststellen können, als sie diese Reaktion im Polarisationsmikroskop verfolgten. Im übrigen ist aber der Reaktionsmechanismus bei Reaktionen im festen Zustand viel komplizierter, als dies hier geschildert wurde. So z. B. reagieren verschiedenartig hergestellte Ausgangskomponenten bei sonst gleicher Arbeitsweise mit verschiedener Geschwindigkeit. Auch durch Spuren von Verunreinigungen tritt oft eine wesentliche Geschwindigkeitsänderung in der Reaktion ein. Auf alle diese Einzelfälle soll hier nicht eingegangen werden.

Wird eine Phase in einer anderen ganz fein verteilt, dann gelangen wir zu einem Grenzgebiet zwischen ein- und mehrphasigen Systemen, bei denen besondere Erscheinungen auftreten. Man nennt solche fein verteilte Körper wegen ihrer oftmals leimartigen Beschaffenheit nach Graham (1862) Kolloide (κόλλα = der Leim). Ein Kolloid ist ein zweiphasiges Gebilde, bei dem eine Phase in der anderen sehr fein verteilt ist. Rein äußerlich gruppiert man kolloidale Systeme nach den Aggregatzuständen:

Feste   Phase in gasförmiger verteilt heißt: Rauch, Staub
  „   „   „ flüssiger   „   „ Suspension

Feste	Phase in fester		verteilt heißt:	festes Sol
Flüssige	,,	,, gasförmiger	,,	,, Nebel
,,	,,	,, flüssiger	,,	,, Emulsion
,,	,,	,, fester	,,	,, feste Emulsion
Gasförmige	,,	,, gasförmiger	,,	,, — — —
,,	,,	,, flüssiger	,,	,, Schaum
,,	,,	,, fester	,,	,, fester Schaum.

Während die in Wasser löslichen kristallisierten Verbindungen in echter Lösung einen Aufteilungsgrad von 10^{-8} bis 10^{-7} cm aufweisen, liegt die Teilchengröße der Kolloide bei 10^{-6} bis 10^{-4} cm Durchmesser. Infolge dieses Größenunterschiedes ist es möglich, die in Lösung befindlichen Molekeln bzw. Ionen von den Kolloiden durch Diffusion durch geeignete Membranen bestimmter Porengröße zu trennen. Dieses Verfahren heißt Dialyse. Echte Lösungen erscheinen in den physikalischen Eigenschaften den Lösungsmitteln gleich, während Kolloide Unterschiede aufweisen. Bei geschickter experimenteller Anordnung kann man jedes Element und jede Verbindung in den kolloidalen Zustand überführen.

Im Vergleich zu den echten Lösungen weisen kolloidale Lösungen (feste Phase in flüssiger verteilt) folgende Unterschiede auf: Sie scheiden beim Eindunsten nicht Kristalle in fester Form aus wie die echten Lösungen, sondern werden immer dickflüssiger und zäher, bis sie schließlich ähnlich dem Leim gänzlich erstarren; bei seitlicher Belichtung beugen sie das Licht ab und erzeugen dadurch Aufhellungen im Blickfeld (Tyndalleffekt); ein osmotischer Druck bzw. eine Siedepunktserhöhung und Gefrierpunktserniedrigung ist kaum nachweisbar.

Der hohe Aufteilungsgrad kolloidaler Stoffe hat zur Folge, daß die Oberfläche der Teilchen im Verhältnis zum Gewicht schon so bedeutend angestiegen ist, daß der Einfluß des Lösungsmittels ein längeres Schweben des kolloiden Teilchens entgegen der Schwerkraft bewirkt. Die große Oberfläche des Kolloids wirkt sich ferner darin aus, daß Stoffe im kolloidalen Zustand viel reaktionsfähiger sind als im gewöhnlichen. Die Sedimentationsverzögerung hat aber noch einen anderen Grund. Kolloide sind nämlich elektrisch aufgeladen. Bei kolloidalen Metallhydroxyden, z. B. $Al(OH)_3$, $Zn(OH)_2$, $Fe(OH)_3$ dissoziieren in wäßriger Lösung an der Oberfläche der kolloiden Teilchen teilweise die OH-Gruppen, laden sich also negativ auf, während gleichzeitig das Kolloidteilchen die positive Ladung übernimmt. Andere Kolloide, wie SiO_2 laden sich durch ähnlichen Vorgang negativ auf. Die gegenseitige Abstoßung gleichnamiger Ladungen arbeitet der Schwerkraft entgegen und hält die Teilchen in der Schwebe. Nimmt man den Teilchen die Ladung, so „flockt" das Kolloid aus.

Die Abgrenzung des kolloidalen Zustands und seiner charakteristischen Eigenschaften unterliegt einer Willkür. Feste und wissenschaftlich begründete Grenzen gibt es hierbei nicht; vielmehr ist ein kontinuierlicher Übergang vom einphasigen zum zweiphasigen Gebiet über den kolloidalen Zustand feststellbar. Ausdrücke wie Eukolloide und Semikolloide kennzeichnen solche Übergänge.

Chemisches Gleichgewicht.

1. Definition.

Der erste Abschnitt dieses Kapitels machte uns mit der chemischen Reaktion bekannt. Wir haben hierbei als selbstverständlich hingenommen, daß bei einem Umsatz die Ausgangsstoffe restlos in andere Stoffe übergehen. Dies ist jedoch nicht immer der Fall. Während Wasserstoff und Sauerstoff bei Zimmertemperatur quantitativ in Wasser übergehen, wenn erst die Reaktion einmal in Gang gebracht wurde, verläuft diese Reaktion bei hohen Temperaturen (z. B. 2000°) nicht vollständig, weil gleichzeitig mit der Reaktion in bestimmtem Maße eine Gegenreaktion einsetzt. Man spricht dann von einem chemischen Gleichgewicht. Ein Gleichgewicht ist dann vor-

handen, wenn die Geschwindigkeiten von Bildung und
Zerfall aller Reaktionsteilnehmer einander gleich groß
sind. Gleichgewicht bedeutet also nicht absolute Ruhelage, sondern ein ständiges Wechseln von Reaktion und
Gegenreaktion. Die Mengen der Reaktionsteilnehmer
ändern sich im Gleichgewicht nicht. In der Formel kennzeichnet man Gleichgewicht durch das Zeichen $\rightleftharpoons$.
Die Reaktionsformel $2 H_2 + O_2 \rightleftharpoons 2 H_2O$ bedeutet also,
daß Wasserstoff mit Sauerstoff einerseits und Wasser
anderseits im Gleichgewicht stehen. Die Bildung von
Wasser aus Wasserstoff und Sauerstoff verläuft mit
gleicher Geschwindigkeit wie der Zerfall von Wasser in
seine Komponenten.

Man muß zwischen falschen und echten Gleichgewichten unterscheiden. Mischt man Wasserstoff mit
Sauerstoff bei Zimmertemperatur, so ist keine Änderung
des Gemisches wahrnehmbar. Und doch ist dieses System
bei Zimmertemperatur kein wahres Gleichgewicht, denn
der geringste Anlaß (z. B. Zündung mit dem elektrischen
Funken) genügt, um eine explosionsartige Reaktion zu
veranlassen. Die äußerst geringe Reaktionsgeschwindigkeit hatte verhindert, daß sich das echte Gleichgewicht
zwischen Sauerstoff und Wasserstoff bei Zimmertemperatur einstellt. Das chemische Gleichgewicht kann man
sehr anschaulich mit der Waage vergleichen. Wenn der
Zeiger der Waage den Nullpunkt anzeigt, ist dies kein
Beweis dafür, daß Gleichgewicht herrscht, weil die Waage
z. B. arretiert sein kann (falsches Gleichgewicht). Erst
wenn man die Einstellung der Waage durch geringe
Gewichtsänderung auf beiden Waagschalen beeinflussen
kann, zeigt die Waage zuverlässig die Nullstellung an
(echtes Gleichgewicht). Ebenso kann das chemische

Gleichgewicht ein falsches sein, wenn die Ruhelage des stofflichen Umsatzes durch eine Hemmung der Reaktionsgeschwindigkeit vorgetäuscht wird, und ein echtes sein, wenn die Menge der Reaktionsteilnehmer durch geringfügige Einflüsse (z. B. Druck- oder Temperaturänderung) wandelbar ist. Das beste Kennzeichen für ein echtes Gleichgewicht ist seine Einstellbarkeit von beiden Seiten her. Bei der obigen Reaktion $2 H_2 + O_2 \rightleftharpoons 2 H_2O$ muß man also zu dem gleichen Ergebnis kommen, gleichgültig, ob man von $2 H_2 + O_2$ oder von $2 H_2O$ ausgeht. Wenn im folgenden von Gleichgewichten die Rede ist, sind stets echte Gleichgewichte gemeint. Chemische Reaktionen, die quantitativ verlaufen, kann man ebenfalls als Gleichgewichte ansehen, bei denen aber das Gleichgewicht so stark auf einer Seite liegt, daß praktisch ein vollständiger Umsatz vorhanden ist.

2. Beeinflussung des Gleichgewichts.

Die Lage des Gleichgewichts, d. h. das Mengenverhältnis zwischen Ausgangsstoffen und Reaktionsprodukten, ist von mehreren Faktoren abhängig. Allgemein gilt hierfür das „Prinzip vom kleinsten Zwange" (Le Chatelier), das aussagt: „Wird auf ein im Gleichgewicht befindliches System irgendein Zwang ausgeübt, durch den das Gleichgewicht sich verschiebt (z. B. Änderung von Druck, Temperatur oder Konzentration), so erfolgt die Verschiebung in der Richtung, daß dem Zwange ausgewichen wird[2])." Wird eine im Gleichgewicht befindliche Reaktion z. B. durch Erhöhung des Druckes beeinflußt, so verschiebt sich das Gleichgewicht in der Richtung, in der gleichzeitig eine Volumenverminderung eintritt. Als Beispiel sei die Ammoniak-

synthese angeführt, die nach folgender Gleichung vor
sich geht:

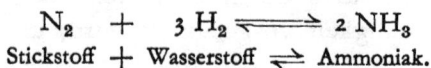

$$N_2 \; + \; 3\,H_2 \rightleftharpoons 2\,NH_3$$

Stickstoff $+$ Wasserstoff $\rightleftharpoons$ Ammoniak.

Bei dieser Reaktion entstehen also aus 4 Volumina
($1\,N_2 + 3\,H_2$) 2 Volumina ($2\,NH_3$). Führt man die
Reaktion bei sonst gleichen Bedingungen unter hohem
Druck durch, so wird sich das Gleichgewicht gemäß dem
Prinzip vom kleinsten Zwange nach der rechten Seite
der Gleichung hin verschieben, d. h. die Menge NH_3
wird sich vergrößern. Von dieser Erkenntnis macht
man bei der Synthese von Ammoniak nach dem Bosch-
Verfahren in der Technik Gebrauch. Gleichgewichtsreaktionen, die nicht von einer Volumenänderung begleitet sind, können naturgemäß durch Druck nicht beeinflußt werden, z. B. die Reaktion $N_2 + O_2 \rightleftharpoons 2\,NO$
(1 Vol. $N_2 + 1$ Vol. O_2 geht über in 2 Vol. NO). Wie
der Druck, übt auch die Temperatur auf das Gleichgewicht
einen Einfluß aus. Durch Temperaturerhöhung wird das
Gleichgewicht so verschoben, daß Wärme verbraucht
wird, während Temperaturerniedrigung die wärme-
liefernde Reaktion bevorzugt. An dem obigen Beispiel
der Ammoniaksynthese wird daher, weil die Ammoniak-
bildung Wärme erzeugt, bei tieferen Temperaturen die
Bildung von Ammoniak bevorzugt eintreten, bei höherer
der Zerfall in $N_2 + 3\,H_2$.

Untersucht man bei dem gleichen Beispiel den Einfluß
der Menge der Reaktionsteilnehmer, so findet man, daß
um so mehr N_2 in NH_3 umgesetzt wird, je größer das
Verhältnis $H_2 : N_2$ ist. Im umgekehrten Fall wird sich
nur wenig N_2 zu NH_3 umsetzen. Dieses Ergebnis, das
ganz allgemein gilt und von Guldberg und Waage 1867

erstmalig formuliert wurde, nennt man das Massenwir-
kungsgesetz (MWG). Es sagt aus: „Bei Gleichgewichten
ist die Wirkung eines Stoffes proportional seiner Konzentration[3])." Diese Erkenntnis läßt sich auch mathematisch formulieren. Stehen im Gleichgewicht w Moleküle eines Stoffes A und x Moleküle eines Stoffes B
gegenüber y Molekülen eines Stoffes C und z Moleküle
eines Stoffes D, so gilt bei konstanter Temperatur für die
Reaktion $w\,A + x\,B \rightleftharpoons y\,C + z\,D$ folgende Beziehung:

$$\frac{[C]^y \cdot [D]^z}{[A]^w \cdot [B]^x} = K \text{ (Konstante)}.$$

Die Klammern bedeuten hierbei „Konzentration des
Stoffes . . .". In Worten ausgedrückt besagt die Gleichung:
Bei einer im chemischen Gleichgewicht befindlichen
Reaktion ist das Produkt der Konzentrationen der sich
bildenden Stoffe dividiert durch das Produkt der Konzentrationen der verschwindenden Stoffe gleich einer Konstante. Wenden wir die allgemeine Gleichung des
Massenwirkungsgesetzes auf die Ammoniaksynthese an,
so ergibt sich die Formel:

$$\frac{[NH_3]^2}{[N_2] \cdot [H_2]^3} = K.$$

Das MWG in der mathematischen Formulierung führt
also die gesamte Erfassung des Gleichgewichts auf eine
einzige Konstante zurück. Diese Konstante ist aber nicht
etwa ein universell geltender Wert, sondern gilt nur für
eine bestimmte Reaktion und eine bestimmte Temperatur.
Sie ist hingegen unabhängig vom Mengenverhältnis der
Ausgangsstoffe, ferner vom Gesamtvolumen und Gesamt-
druck.

3. Katalyse.

Wie wir bei der Knallgasreaktion erfahren haben, stellt sich oft ein Gleichgewicht nicht ein, weil die Reaktionsgeschwindigkeit zu klein ist (unechtes Gleichgewicht). Um die Reaktionsgeschwindigkeit zu erhöhen, kann man z. B. Wärme zuführen. Bei einer Temperaturerhöhung um 10^0 wächst die Reaktionsgeschwindigkeit ungefähr auf das Doppelte. So ist es zu erklären, daß bei vielen Umsetzungen die Reaktion erst durch Erhitzen eingeleitet werden muß, obwohl die Reaktion an und für sich unter erheblicher Wärmeentwicklung vor sich geht. Diese Methode, eine Reaktion in Gang zu bringen, ist aber nicht immer angebracht, denn aus dem letzten Abschnitt wissen wir bereits, daß durch Temperaturerhöhung die Lage eines Gleichgewichts verschoben wird.

Will man die Reaktionsgeschwindigkeit bei einer konstanten Temperatur erhöhen, so bedient man sich dazu eines Katalysators (κατα nieder, λύσις der Vorgang der Lösung). Man versteht darunter einen Stoff, der befähigt ist, durch seine Anwesenheit die Reaktionsgeschwindigkeit zu erhöhen, ohne selbst dabei stofflich verändert zu werden. Die Menge des bei einer Reaktion benötigten Katalysators steht in keinem stöchiometrischen Verhältnis zur Menge der sich umsetzenden Stoffe; es genügen vielmehr oft Spuren eines Katalysators, um die Reaktion mit genügend großer Geschwindigkeit vonstatten gehen zu lassen. Den Reaktionsvorgang, der durch die Anwesenheit von Katalysatoren bewirkt wird, nennt man entsprechend „Katalyse". Wohlgemerkt: der Katalysator kann nicht die Lage eines Gleichgewichts verschieben, sondern erhöht nur die Reaktionsgeschwindigkeit zur schnelleren Einstellung des Gleichgewichts. Man unterscheidet zwei Arten von Katalysatoren: Überträger und Kontakte.

Die ersteren nehmen an der Reaktion teil, indem sie sich mit wenigstens einem der Ausgangsstoffe umsetzen und anschließend den wirksamen Bestandteil an die anderen Reaktionsteilnehmer abgeben, wobei sie sich selbst zurückbilden. Überträger greifen also chemisch als Zwischenglied in die Reaktion ein, treten aber wieder aus, so daß sie praktisch nicht verbraucht werden. Als Beispiel führen wir die Reaktion von H_2 mit O_2 zu H_2O bei 250^0 in Gegenwart von Kupfer als Katalysator an. Wasserstoff und Sauerstoff reagieren bei 250^0 nicht miteinander, weil die Reaktionsgeschwindigkeit zu klein ist. Leitet man aber ein Gemisch dieser Gase bei 250^0 über Kupfer, so verbrennt der Wasserstoff glatt zu Wasser. Dies ist darauf zurückzuführen, daß das Kupfer an der Reaktion teilnimmt, indem es sich zunächst mit dem Sauerstoff des Gasgemisches zu Kupferoxyd oxydiert: $2\,Cu + O_2 = 2\,CuO$. Das gebildete Kupferoxyd reagiert aber bei 250^0 sofort mit dem Wasserstoff unter Bildung von Wasser und gleichzeitiger Rückbildung von Kupfer: $CuO + H_2 = H_2O + Cu$. Als Überträger bewähren sich im allgemeinen Stoffe, die unter geringer Energieauf- und -abnahme Verbindungen mehrerer Wertigkeitsstufen zu bilden vermögen. (Verbindungen des Eisens, des Antimons, der Edelmetalle.)

Zur zweiten Gruppe gehören Stoffe, die sich chemisch am Reaktionsvorgang gar nicht beteiligen, sondern nur durch die adsorbierenden Kräfte ihrer Oberfläche wirken (Kontaktkatalysatoren). Hierzu sind zu nennen: Eisen, Platin, Braunstein, Aktivkohle. Da es sich um eine Er-

scheinung der Oberfläche handelt, müssen derartige
Kontakte eine besonders vorbereitete Oberfläche besitzen, nämlich eine möglichst große und unregelmäßige.
Um eine solche zu erzeugen, schlägt man den Kontakt
auf einer Unterlage nieder, die als Träger dient (Platin
auf Asbest, Eisen auf Aluminiumoxyd usw.). Als Beispiel einer Kontaktkatalyse kann die bereits erwähnte
Ammoniaksynthese angeführt werden, bei der der Vorgang bei 600⁰ durch einen Katalysator „Eisen auf Aluminiumoxyd" beschleunigt wird. Kontaktstoffe haben
die Eigenschaft, an ihrer Oberfläche Moleküle zu binden,
zu „adsorbieren", etwa so wie ein Magnet Eisenfeile
festhält. Dabei wirken die Oberflächenkräfte des Katalysators so stark, daß innerhalb der adsorbierten Moleküle
der Zusammenhalt der Atome gelockert wird und die dadurch teilweise freien Atome sich mit anderen freien
Atomen des anderen Reaktionsteilnehmers verbinden
können. Darauf beruht die Wirkung der Kontakte.

Durch geringe Spuren einzelner Verbindungen
(Schwefelwasserstoff, Kohlenoxyd, Zyanwasserstoff, Arsen, Schwefel und organische Schwefelverbindungen) wird
die Wirksamkeit der aktiven Oberfläche der Katalysatoren
aufgehoben. Man nennt solche Stoffe Kontaktgifte. Sie
lagern sich vorzugsweise an die aktive Oberfläche des
Katalysators an, bedecken dadurch die wirksamen
Stellen und lassen die Reaktionsteilnehmer nicht mehr
mit dem Kontakt in Berührung kommen. Aus diesem
Grunde muß bei katalytischen Prozessen auf Reinheit der
Ausgangskomponenten besonderer Wert gelegt werden.

Einzelne Katalysatoren besitzen noch die vorteilhafte
Eigenschaft, daß sie bei Reaktionen, die in mehrfachen
Richtungen verlaufen können, den Weg weisen. Bei der

Umsetzung von Kohlenoxyd (CO) mit Wasserstoff
können folgende Produkte entstehen:

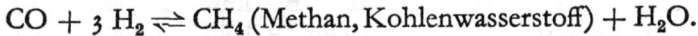

$CO + 2 H_2 \rightleftharpoons CH_3OH$ (Methylalkohol),

$CO + 3 H_2 \rightleftharpoons CH_4$ (Methan, Kohlenwasserstoff) $+ H_2O$.

Zinkoxyd + Chromoxyd als Katalysator lenkt die
Reaktion zur ausschließlichen Bildung von Methylalkohol, während Eisen-Zink-Oxyd als Katalysator die
Bildung von Kohlenwasserstoffen begünstigt. Es gibt
auch Katalysatoren, die die Reaktionsgeschwindigkeit
hemmen. Man nennt solche Stoffe „Stabilisatoren".

Die Katalyse ist technisch von ungemein wichtiger
Bedeutung, nicht nur, weil sie eine Reaktion mit genügen-
der Geschwindigkeit und demnach rascher und wirt-
schaftlicher Produktion vor sich gehen läßt, sondern
auch, weil durch die niedrigere Reaktionstemperatur
Energie gespart wird und die Werkstoffe der Apparate
chemisch und mechanisch weniger in Mitleidenschaft
gezogen werden.

4. Messung eines Gleichgewichts.

Nachdem wir uns schon daran gewöhnt haben, nach
jeder erklärten Grundlage danach zu fragen, wie der
forschende Chemiker derartige Messungen und Bestimmungen durchführt, wollen wir uns auch beim Gleichgewicht mit dieser Frage beschäftigen. Die Messung
chemischer Gleichgewichte ist ähnlich wie die Verfolgung einer chemischen Reaktion, d. h. man muß unter
bestimmten eingehaltenen Bedingungen die Reaktionsteilnehmer quantitativ erfassen. Gleichgewichtsbestim-
mungen sind nun insofern schwieriger, als man es nicht

mit einem ruhenden System zu tun hat, sondern sich mit
einem in dauernder gegenseitiger Reaktion befindlichen
Stoffsystem befassen muß. Man unterscheidet zwei
experimentell verschiedenartige Bestimmungsmethoden,
die statische und die dynamische. Bei der statischen läßt
man in geschlossenem Reaktionsraum ein Gleichgewicht
sich einstellen und bestimmt anschließend nach irgendeiner Methode die Zusammensetzung des Systems. So
z. B. dadurch, daß man das System zunächst so schnell
abkühlt, daß eine Änderung der Lage des Gleichgewichts
entsprechend der Temperaturerniedrigung nicht folgen
kann. (Ist erst einmal das System schnell genug abge-
kühlt, dann kann eine nachträgliche Änderung des Gleichgewichts nicht mehr vonstatten gehen, weil die Reaktionsgeschwindigkeit bei der tiefen Temperatur viel zu
klein ist. Man nennt diese Handhabung „Einfrieren eines
chemischen Gleichgewichts".) Im Anschluß an das Einfrieren werden die Reaktionsteilnehmer mengenmäßig
bestimmt, ähnlich wie wir es an dem Beispiel $Na_2SO_4 +$
$BaCl_2$ (S. 133) bereits kennengelernt haben. Die Methode
des Einfrierens ist allerdings nur anwendbar für Gleichgewichte, die sich langsam einstellen, bei denen also beim
Einfrieren eine Verschiebung der Gleichgewichtslage
nicht zu befürchten ist. Die zweite Methode, die sehr
vielseitig anwendbar ist, ist die dynamische. Bei dieser
werden die gasförmigen Ausgangsprodukte bei einer
konstanten Strömungsgeschwindigkeit durch ein auf der
Versuchstemperatur gehaltenes Reaktionsrohr geleitet.
Um eine möglichst rasche Einstellung des Gleichgewichts
zu erzielen, ist das Reaktionsrohr meist mit einem Katalysator gefüllt. Nachdem das Gasgemisch das Reaktionsrohr passiert hat, gelangt es in Vorlagen, in denen das

Gleichgewicht entweder eingefroren oder in geeigneten Fällen direkt analysiert wird. Die dynamische Methode hat den Vorteil, daß beliebige Mengen an Substanz zur Messung verwendet werden können und daß eine Änderung der Versuchsbedingungen ohne wesentliche Abänderung der Apparatur vorgenommen werden kann. Als Beispiel für eine Gleichgewichtsmessung wollen wir die Messung des schon mehrfach erwähnten Ammoniakgleichgewichts $N_2 + 3 H_2 \rightleftharpoons 2 NH_3$ besprechen. Die Apparatur ist in Abb. 30 wiedergegeben. Rechts befindet sich ein Rundkolben, in welchem ein konstanter Strom reinen Ammoniaks entwickelt wird. Das Ammoniakgas durchströmt ein U-Rohr, in welchem es getrocknet wird, passiert dann einen Blasenzähler (A) zwecks Kontrolle der Geschwindigkeitskonstanz und gelangt dann in das obere von den beiden Reaktionsrohren, die durch den elektrischen Ofen auf die Versuchstemperatur geheizt werden. In der Mitte ist als Katalysator Asbest mit fein verteiltem Eisen angebracht. Im Ofen zerfällt also das Ammoniakgas gemäß der Gleichgewichtslage bei

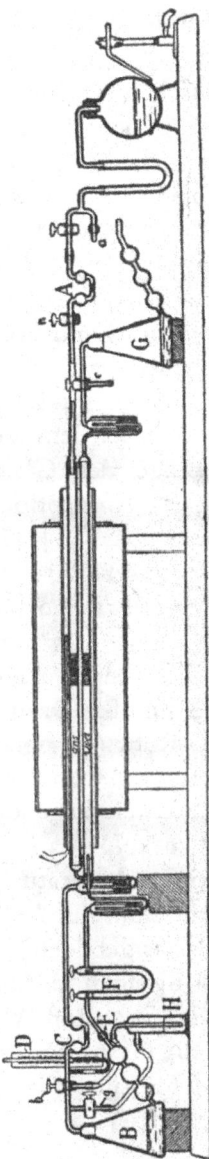

Abb. 30. Apparatur für die Bestimmung des Gleichgewichts $N_2 + 3 H_2 \rightleftharpoons 2 NH_3$ nach der dynamischen Methode.

der eingestellten Temperatur teilweise in $H_2 + N_2$. Nach dem Austritt aus dem Reaktionsofen strömt das Gasgemisch, das nun aus NH_3, N_2 und H_2 besteht, wieder durch einen Blasenzähler (C) anschließend durch ein Manometer (D) zur Messung des Drucks und gelangt dann in die Vorlage (B), die mit Schwefelsäure gefüllt ist und in welcher nach Gleichung $2 NH_3 + H_2SO_4 = (NH_4)_2SO_4$ das Ammoniak aus dem Gemisch entfernt wird. (Nach Beendigung des Versuchs wird das absorbierte Ammoniak in der Vorlage analytisch bestimmt.) Damit ist die Messung des nach der obigen Gleichung von rechts nach links eingestellten Gleichgewichts beendet. Aus den bei dem Versuch beobachteten Daten läßt sich die Lage des Gleichgewichts genau berechnen. Das nach der Absorption in (B) zurückbleibende Gasgemisch besteht aus $N_2 + H_2$. Es wird, da es dem berechneten Mengenverhältnis $N_2 : H_2 = 1 : 3$ genau entspricht, anschließend zur nochmaligen Messung des Gleichgewichts herangezogen, wobei sich allerdings das Gleichgewicht von links nach rechts nach der obigen Gleichung einstellen muß. Dazu wird das Gasgemisch ($3 H_2 + N_2$) im U-Rohr (F) nochmals getrocknet und von Schwefelsäurespuren befreit und dann durch das im elektrischen Ofen unten liegende Reaktionsrohr geschickt, wo sich also aus $N_2 + 3 H_2$ gemäß dem Gleichgewicht bei der Versuchstemperatur teilweise NH_3 bildet. Das Gas strömt dann durch die Vorlage (G), wo mittels Schwefelsäure das gebildete Ammoniak entfernt wird, und gelangt dann in einen in Abb. 30 nicht gezeichneten Gasometer, der das Stickstoff-Wasserstoff-Gemisch aufnimmt und wo sich die Gasmenge laufend messen läßt. Man fand durch diese Messung, daß bei 400⁰ und 1 Atmosphäre Druck

0,44 Volumenprozent NH_3 im Gleichgewicht mit N_2 + 3 H_2 stehen. Bei 500° sind es 0,13 % NH_3 und bei 600° 0,049 %. Die eben beschriebene Versuchsanordnung ist deswegen besonders erwähnenswert, weil sie in einem Arbeitsgang die Einstellung des Gleichgewichts von beiden Seiten gleichzeitig zu messen gestattet. So vielseitig die Elemente und Verbindungen in ihren physikalischen und chemischen Eigenschaften sind, so mannigfaltig sind auch die Versuchsanordnungen, mit denen die einzelnen Gleichgewichte messend verfolgt werden. Unter anderem zieht man z. B. die Änderung der Gasdichte, des Gasdrucks, der Durchlässigkeit durch semipermeable Wände, der Effusion (Ausströmung durch kleine Öffnungen), der Farbe und der spezifischen Wärme usw. von Fall zu Fall heran. Auch hier muß der Forscher durch schnelles Sicheinfühlen in das Problem den geeigneten Weg jeweils erst ausfindig machen.

Reaktionsgeschwindigkeit.

Bei der Katalyse ist uns schon aufgefallen, daß die Reaktionsgeschwindigkeit (d. i. die in der Zeiteinheit umgesetzte Stoffmenge) bei chemischen Prozessen eine bedeutende Rolle spielt. Nicht nur wegen des praktischen Werts interessiert den Wissenschaftler die Kenntnis der Reaktionsgeschwindigkeit, sondern er versteht daraus Schlußfolgerungen zu ziehen über den Reaktionsmechanismus. Das Teilgebiet, das die Reaktionsgeschwindigkeit umreißt, heißt „Kinetik" (vom griechischen κινεῖν, bewegen). Da bei Reaktionen im Gaszustand die Verhältnisse besonders übersichtlich sind, werden die Studien hauptsächlich an Gasreaktionen durchgeführt.

Betrachten wir den Ablauf einer Reaktion unter Berücksichtigung der Tatsache, daß jeder Stoff aus Atomen bzw. Molekeln besteht, so kann man sich vorstellen, daß eine Reaktion dadurch stattfindet, daß Molekeln, die sich infolge der Wärmeeinwirkung in ständiger Bewegung befinden, zusammenstoßen. Je nachdem, wieviel Einzelmolekeln bei der Umsetzung gleichzeitig zusammenstoßen müssen, unterscheidet man uni-, bi- und trimolekulare Reaktionen. Bei der unimolekularen Reaktion ist nur ein einzelnes Molekül für die Reaktion erforderlich. Die Umwandlung jeder einzelnen Molekel erfolgt unabhängig von anderen anwesenden Molekülen. Ein Zusammenstoß mit anderen Partikeln ist also nicht nötig. Ein Beispiel für eine solche Reaktion ist der Zerfall von Methyläther bei hohen Temperaturen: $CH_3OCH_3 = CH_4 + H_2 + CO$. Müssen zum Eintritt einer Reaktion zwei (gleichartige oder verschiedene) Molekeln zusammentreffen, so spricht man von einer bimolekularen Reaktion. Bei dieser ist die Reaktionsgeschwindigkeit proportional dem Produkt der Konzentrationen beider Molekelarten oder dem Quadrat der Konzentration, wenn es sich um gleichartige Molekeln handelt. Dies ist auch verständlich, wenn man bedenkt, daß um so mehr Molekeln zusammenstoßen können, je mehr gleichzeitig auf gleich großem Raum vorhanden sind. Als Beispiel für eine bimolekulare Reaktion sei der Jodwasserstoffzerfall erwähnt: $2\,HJ = H_2 + J_2$. Bei einer trimolekularen Reaktion müssen drei (gleichartige oder verschiedene) Molekeln gleichzeitig zusammentreten. Eine solche Reaktion ist z. B. die Bildung von Nitrosylchlorid: $2\,NO + Cl_2 = 2\,NOCl$. Reaktionen höherer Ordnung sind bei gasförmigen Systemen nicht bekannt und wahrscheinlich auch nicht vorhanden. Vergleicht man nun den Ablauf von uni-, bi- und trimolekularer Reaktion unter gleichen Bedingungen miteinander, so ersieht man aus der graphischen Darstellung des Reaktionsverlaufs (Abb. 31), daß bei der unimolekularen Reaktion die Konzentration des Ausgangs-

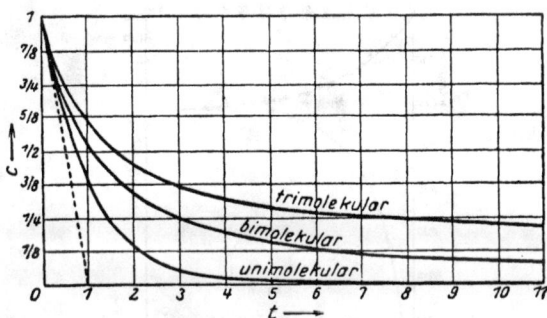

Abb. 31. Zeitliche Konzentrationsabnahme der Ausgangsstoffe bei Reaktionen verschiedener Ordnung.

stoffs schnell abnimmt. Bei der bimolekularen geschieht dies viel langsamer, und die trimolekulare verläuft noch ruhiger. Beim Anblick der Reaktionsgleichung kann man nicht voraussagen, nach welcher Reaktionsordnung der Umsatz abläuft. Hierüber muß die Messung entscheiden. Von den beiden analog gebauten Gleichungen

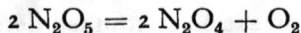

$$2 HJ = H_2 + J_2 \text{ und}$$
$$2 N_2O_5 = 2 N_2O_4 + O_2$$

verläuft z. B. die erste bimolekular, die zweite jedoch unimolekular. Reaktionen, bei denen die Gleichung große Molekelzahlen aufweist, verlaufen niemals in einer Reaktionsordnung, die der stöchiometrischen Formel

entspricht. So kann man z. B. nicht erwarten, daß die
Reaktion $2 PH_3 + 4 O_2 = P_2O_5 + 3 H_2O$ eine sixmole-
kulare (d. h. 6 Gasmoleküle müssen gleichzeitig zusammentreffen) ist, sondern der Ablauf erfolgt über Zwischenstufen, deren Bildungs- und Zerfallsreaktion niedermole-
kular ist.

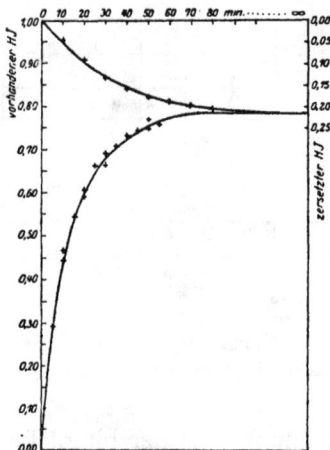

Abb. 32. Reaktionsverlauf von Haupt- und Gegenreaktion
beim Jodwasserstoff-Gleichgewicht $2 HJ \rightleftharpoons H_2 + J_2$.

In den vorhergehenden Abschnitten haben wir uns
mit dem chemischen Gleichgewicht befaßt. Dieses steht
mit der Reaktionsgeschwindigkeit insofern im engen
Zusammenhang, als beim Gleichgewicht neben der
Reaktion eine Gegenreaktion stattfindet, deren Reaktions-
·geschwindigkeit der der Hauptreaktion gleich ist. Der
zeitliche Verlauf von Haupt- und Gegenreaktion wurde
von Bodenstein beim Jodwasserstoff-Gleichgewicht $2 HJ$
$\rightleftharpoons H_2 + J_2$ verfolgt. Die Abb. 32 gibt über das Ergebnis
Auskunft. Man ersieht, daß nach einer gewissen Ein-

stellungszeit die Kurven beider Reaktionen in einen gemeinsamen Endwert einmünden, der der Lage des Gleichgewichts entspricht.

Die Reaktionsgeschwindigkeit ist · von der Temperatur abhängig. Dies erscheint plausibel, wenn man in Erwägung zieht, daß durch Änderung der Wärmeenergie die Geschwindigkeit der im Gasraum befindlichen Moleküle sich ändert und demnach mehr bzw. weniger Molekülzusammenstöße pro Zeiteinheit möglich sind. Bei einer Temperaturerhöhung um 10⁰ steigt die Reaktionsgeschwindigkeit auf das Doppelte bis Vierfache, bei einigen durch Enzyme katalysierten biochemischen Reaktionen sogar um das Siebenfache an.

Viele Reaktionen kann man auf Grund von Messungen der Reaktionsgeschwindigkeit in ihrem Reaktionsablauf nicht erklären, wenn man die als Ausgangs- und Endprodukte auftretenden Moleküle allein zur Deutung heranzieht. Man ist dann gezwungen, eine Reihe von Zwischenreaktionen anzunehmen, bei denen freie Atome und Molekülgruppen (Radikale) vorübergehend entstehen. Die Existenz solcher Radikale ist inzwischen sogar experimentell nachgewiesen worden. Derartige energiereiche instabile Zwischenprodukte entstehen besonders bei solchen Reaktionen, bei denen erhebliche Energiemengen in Freiheit gesetzt werden. Das energiereiche Radikal oder Atom reagiert nun mit einem der Reaktionsteilnehmer und erzeugt dabei ein neues instabiles Produkt, das seinerseits wieder mit einem Reaktionsteilnehmer reagiert usw. Es entsteht somit eine Reihe von sich ablösenden Reaktionen. Einen solchen Reaktionsverlauf nennt man eine Kettenreaktion. Geringe Mengen eines sich bildenden Radikals sind hierbei fähig, große Mengen Ausgangsprodukt in das Endprodukt zu verwandeln. Bei der Knallgasreaktion $2 H_2 + O_2 = 2 H_2O$ nimmt man folgende Zwischenreaktionen an:

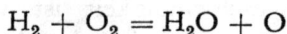

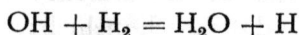

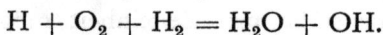

$$H_2 + O_2 = H_2O + O$$
$$H_2 + O_2 = 2 OH$$
$$O + H_2 = OH + H$$
$$OH + H_2 = H_2O + H$$
$$H + O_2 + H_2 = H_2O + OH.$$

Bekannte Kettenreaktionen sind außer der Knallgasreaktion die Verbrennungsvorgänge von Kohlenoxyd (CO), Methan (CH_4) und anderen Kohlenwasserstoffen. Die Länge der Ketten bei solchen Reaktionen reicht von 100 bis zu mehr als 1000 Gliedern.

Von besonderem Interesse ist für den Kinetiker das Auftreten von Explosionen. Eine Explosion erfolgt dann, wenn eine Reaktion mit großer Geschwindigkeit verläuft, dabei eine große Wärmemenge frei macht und evtl. gleichzeitig große Gasmengen erzeugt. Als Grund für das Auftreten von Explosionen kommen zwei Gesichtspunkte in Frage: 1. ist es denkbar, daß die Reaktion mit so großer Geschwindigkeit abläuft, daß die hierbei auftretende Wärmemenge nicht schnell genug durch Strahlung oder Leitung abgeführt werden kann und somit eine erhebliche Temperaturerhöhung bewirkt. Diese wiederum hat eine Erhöhung der Reaktionsgeschwindigkeit zur Folge; 2. kann man anknüpfend an die Kettenreaktion eine besonders rasche Vergrößerung der Reaktionsgeschwindigkeit annehmen, wenn die als labile Zwischenprodukte auftretenden freien Atome und Radikale eine „Kettenverzweigung" hervorrufen.

Die Existenz von Kettenreaktionen macht uns das Wesen der Katalyse verständlich. Durch die Gegenwart von Katalysatoren wird, wie bereits S. 146 kurz erwähnt, die Bildung von freien Atomen und Radikalen begünstigt. Derartige Katalysatoren fördern also die Reaktion. Bewirken umgekehrt die Katalysatoren ein Verschwinden der labilen Zwischenprodukte, indem sie sie „wegfangen", so bricht die Reaktionskette ab: die Reaktion kommt zum Stillstand (Stabilisatoren). Fördert ein Katalysator das Auftreten eines bestimmten Radikals, das wiederum eine bestimmte Reaktion auslöst, so wirkt der Katalysator richtungsweisend bei Reaktionen, die in verschiedenen Richtungen verlaufen können (vgl. S. 147).

Zum Abschluß fragen wir uns noch, wie die Reaktionsgeschwindigkeit gemessen wird. Dies geschieht in der Weise, daß man in regelmäßigen Zeitabständen am reagierenden System die Zusammensetzung ermittelt, bis keine Änderung mehr feststellbar ist, d. h. die Reaktion beendet ist. Die Zusammensetzung kann z. B. dadurch bestimmt werden, daß man aus dem System in regelmäßigen Zeitabständen eine gemessene Menge als Probe entnimmt und sofort analysiert. Viel eleganter ist jedoch die Anwendung physikalischer Methoden, weil bei diesen ein Eingriff in das in Reaktion befindliche System nicht nötig ist. Sehr häufig läßt sich durch ständige Druckmessung die stoffliche Umsetzung verfolgen, oft durch interferometrische Messung oder durch laufende Beobachtung des Absorptionsspektrums oder der optischen Drehung. Auch hier obliegt es dem forschenden Chemiker wieder, den Verhältnissen entsprechend ein geeignetes Verfahren auszuklügeln.

Reaktionen von besonderer technischer Bedeutung.

Das Kapitel gehört eigentlich nicht in den Rahmen dieses Buches. Wenn trotzdem einige Reaktionen technischer Prozesse besonders hervorgehoben werden, dann geschieht dies in der Absicht, dem Leser vor Augen zu führen, wie viele von den in verschiedenen vorhergehenden Abschnitten behandelten wissenschaftlichen Erkenntnissen der Menschheit in der Technik dienstbar geworden sind.

Wenn man von den unzähligen Reaktionen absieht, die als technische Prozesse in der Industrie betrieben werden, und nur die in großtechnischer Form durchgeführten Verfahren zur Betrachtung heranzieht, so kommt man zu einigen wenigen Reaktionen, die als die Grundpfeiler der chemischen Technologie angesehen werden können und an die sich zumeist die anderen Prozesse anschließen. Als erste sei hier die Fabrikation der Schwefelsäure genannt.

Schwefelsäure (H_2SO_4):

Ausgangsprodukt ist in der Regel der Schwefelkies (Pyrit) FeS_2. Dieser wird im Luftstrom oxydiert („geröstet") zu Fe_2O_3 und SO_2 nach der Gleichung:

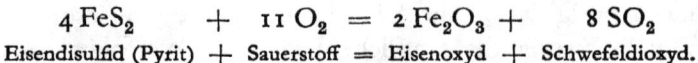

$$4\,FeS_2 \quad + \quad 11\,O_2 \;=\; 2\,Fe_2O_3 + \quad 8\,SO_2$$
Eisendisulfid (Pyrit) + Sauerstoff = Eisenoxyd + Schwefeldioxyd.

Anschließend wird das Schwefeldioxyd mit Luft zu Schwefeltrioxyd (SO_3) oxydiert, was durch Überleiten des Gasgemisches über einen Katalysator bei 430° geschieht:

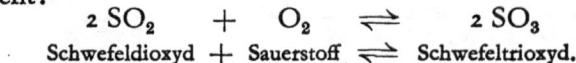

$$2\,SO_2 \quad + \quad O_2 \quad \rightleftharpoons \quad 2\,SO_3$$
Schwefeldioxyd + Sauerstoff $\rightleftharpoons$ Schwefeltrioxyd.

Um aus dem Schwefeltrioxyd Schwefelsäure zu gewinnen, braucht man nur noch Wasser anzulagern:

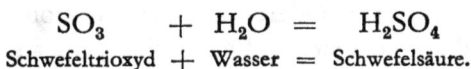

$$SO_3 \quad + \quad H_2O \quad = \quad H_2SO_4$$

Schwefeltrioxyd + Wasser = Schwefelsäure.

Aus bestimmten Gründen absorbiert man hierzu das SO_3 zuvor in Schwefelsäure und erhält so die „rauchende" Schwefelsäure ($SO_3 + H_2SO_4$), die dann durch Verdünnen mit Wasser in gewöhnliche Schwefelsäure (H_2SO_4) beliebiger Konzentration übergeführt werden kann.

Die Schwefelsäure bildet das Ausgangsprodukt zu folgenden Prozessen:

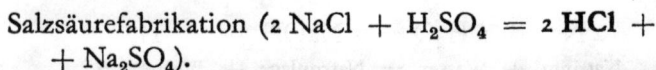

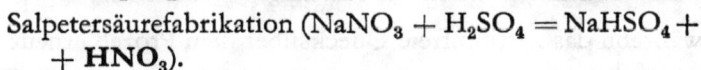

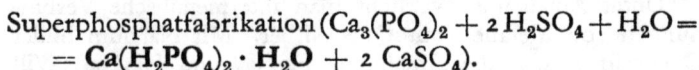

Salzsäurefabrikation ($2\,NaCl + H_2SO_4 = 2\,\textbf{HCl} + \\ + Na_2SO_4$).

Salpetersäurefabrikation ($NaNO_3 + H_2SO_4 = NaHSO_4 + \\ + \textbf{HNO}_3$).

Flußsäurefabrikation ($CaF_2 + H_2SO_4 = 2\,\textbf{HF} + CaSO_4$).

Superphosphatfabrikation ($Ca_3(PO_4)_2 + 2\,H_2SO_4 + H_2O = \\ = \textbf{Ca(H}_2\textbf{PO}_4)_2 \cdot \textbf{H}_2\textbf{O} + 2\,CaSO_4$).

Einführung der Sulfogruppe (SO_3H-) in organische Verbindungen.

Einführung der Nitrogruppe (NO_2-) in organische Verbindungen (durch ein Gemisch von $HNO_3 + H_2SO_4$)

und vielen anderen.

Natronlauge (NaOH):

Die Herstellung der Natronlauge erfolgt nach einem elektrochemischen Verfahren, durch „Elektrolyse", d. h. durch Zersetzung chemischer Verbindungen durch den elektrischen Strom[4]). Ausgangspunkt ist das Natrium-

chlorid (NaCl). Dieses wird, in Wasser gelöst, der Einwirkung des elektrischen Stromes (Gleichstrom) unterworfen. Hierbei wandert das Natrium-Ion mit dem
Strom und scheidet sich in Quecksilber, das als negativer
Pol geschaltet wird, ab (Natriumamalgam). Gleichzeitig
wandert das Chlor-Ion gegen den Strom und scheidet
sich am positiven Pol als gasförmiges Chlor ab.

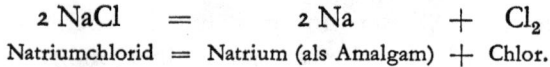

$$2\,NaCl \quad = \quad\quad 2\,Na \quad\quad + \quad Cl_2$$

Natriumchlorid = Natrium (als Amalgam) + Chlor.

Wird nun das Natriumamalgam mit Wasser ge-
waschen, so reagiert das Natrium mit dem Wasser unter
Bildung von Natronlauge und Wasserstoff:

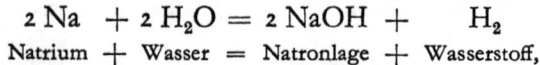

$$2\,Na \;+\; 2\,H_2O = 2\,NaOH + \quad H_2$$

Natrium + Wasser = Natronlage + Wasserstoff,

während das natriumfreie Quecksilber dem Prozeß erneut
zugeführt wird.

Unter Amalgamen versteht man intermetallische Verbindungen von Metallen mit Quecksilber. Mit Natrium bildet
Quecksilber u. a. die Amalgame $HgNa_3$ und Hg_6Na. Will
man die chemische Rolle des Quecksilbers bei der Natron-
laugefabrikation in der Formel kennzeichnen, so würden die
beiden obigen Formeln wie folgt zu ändern sein:

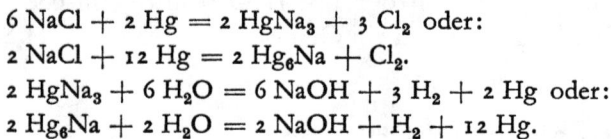

$$6\,NaCl + 2\,Hg = 2\,HgNa_3 + 3\,Cl_2 \text{ oder:}$$
$$2\,NaCl + 12\,Hg = 2\,Hg_6Na + Cl_2.$$
$$2\,HgNa_3 + 6\,H_2O = 6\,NaOH + 3\,H_2 + 2\,Hg \text{ oder:}$$
$$2\,Hg_6Na + 2\,H_2O = 2\,NaOH + H_2 + 12\,Hg.$$

Die Natronlauge dient als Ausgangsstoff für folgende
Prozesse:

Einführung der OH-Gruppe in organische Verbindungen
$(C_6H_5Cl + NaOH = \mathbf{C_6H_5OH} + NaCl).$

Bleichlaugenfabrikation ($2\,NaOH + Cl_2 = \mathbf{NaOCl} + NaCl + H_2O$).

Seifenherstellung (Fett + Natronlauge = Seife + Glyzerin).

Zwangläufig mit der Herstellung von Natronlauge bildet sich Chlor, das ebenso wichtig wie Natronlauge für die Technik ist. Chlor findet unter anderem Verwendung für:

Chlorkalkfabrikation ($Ca(OH)_2 + Cl_2 = \mathbf{CaOCl_2} + H_2O$),

Bleichlaugenfabrikation ($2\,NaOH + Cl_2 = \mathbf{NaOCl} + NaCl + H_2O$),

Chlorwasserstoff ($Cl_2 + H_2 = 2\,HCl$),

organische Chlorverbindungen ($C_6H_6 + Cl_2 = \mathbf{C_6H_5Cl} + HCl$).

Ammoniak (NH_3):

Die Ammoniaksynthese ist in diesem Buch schon mehrfach erwähnt worden. Als Ausgangsprodukt wird der Stickstoff der Luft und der aus Wasser durch Elektrolyse gewonnene Wasserstoff verwendet. Das Gemisch dieser Gase passiert bei 600⁰ unter einem Druck von 100 bis 200 Atm. einen Reaktionsraum, in welchem sich ein Katalysator befindet. (Einzelne Spezialverfahren arbeiten bei 500 bis 550⁰ und unter Drucken bis 1000 Atm.)

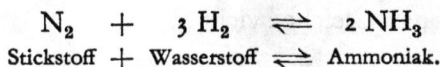

$$N_2 + 3\,H_2 \rightleftharpoons 2\,NH_3$$
Stickstoff + Wasserstoff $\rightleftharpoons$ Ammoniak.

Ammoniak findet in erster Linie Verwendung als Vorprodukt zur Herstellung von Salpetersäure und künstlichem Stickstoffdünger.

Salpetersäure (HNO_3).

Aus Chilesalpeter ($NaNO_3$) wird heute die Salpetersäure nur noch in geringem Umfang gewonnen. Dafür
haben sich zwei Verfahren in den Vordergrund gedrängt,
die vom Devisenmarkt unabhängig sind, nämlich die
Ammoniakoxydation und die Fabrikation von Salpetersäure aus Luft. Beim ersten Verfahren wird Ammoniak mit
Luft gemischt bei 500^0 über einen Katalysator geleitet:

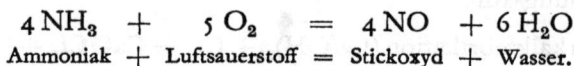

$$4\,NH_3 \ + \ 5\,O_2 \ = \ 4\,NO \ + 6\,H_2O$$
Ammoniak + Luftsauerstoff = Stickoxyd + Wasser.

Das dadurch entstehende Stickoxyd oxydiert sich anschließend mit Luftsauerstoff zu Stickstoffdioxyd auf:

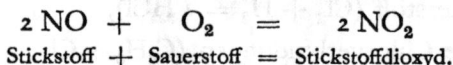

$$2\,NO \ + \ O_2 \ = \ 2\,NO_2$$
Stickstoff + Sauerstoff = Stickstoffdioxyd.

Und schließlich wird dieses mit Wasser umgesetzt:

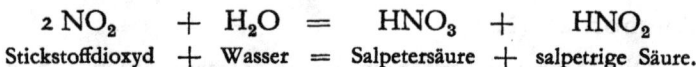

$$2\,NO_2 \ + \ H_2O \ = \ HNO_3 \ + \ HNO_2$$
Stickstoffdioxyd + Wasser = Salpetersäure + salpetrige Säure.

Die als Nebenprodukt anfallende salpetrige Säure zerfällt
unter Bildung von Salpetersäure und Stickoxyd, welches
in den Prozeß zurückgeführt wird:

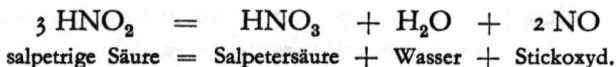

$$3\,HNO_2 \ = \ HNO_3 \ + H_2O \ + \ 2\,NO$$
salpetrige Säure = Salpetersäure + Wasser + Stickoxyd.

Beim zweiten Verfahren wird Luft durch einen elektrischen Lichtbogen auf hohe Temperaturen gebracht,
damit sich das Gleichgewicht

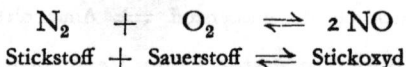

$$N_2 \ + \ O_2 \ \rightleftharpoons \ 2\,NO$$
Stickstoff + Sauerstoff $\rightleftharpoons$ Stickoxyd

einstellt. Das Gasgemisch wird anschließend schnell ab-
gekühlt und durch diese Handhabung das Gleichgewicht

„eingefroren". Die weitere Verarbeitung des NO zu HNO_3 erfolgt in der gleichen Weise wie bei der Ammoniakverbrennung.

Die Salpetersäure dient unter anderem zur Einführung der Nitrogruppe (NO_2-) in organische Verbindungen (Sprengstoff- und Farbstoffindustrie).

Soda (Na_2CO_3):

In eine Lösung von Natriumchlorid in Wasser leitet man Ammoniak (NH_3) ein und anschließend unter Druck Kohlendioxyd (CO_2) und erhält so Natriumbikarbonat ($NaHCO_3$, „Natron") und Ammoniumchlorid (NH_4Cl):

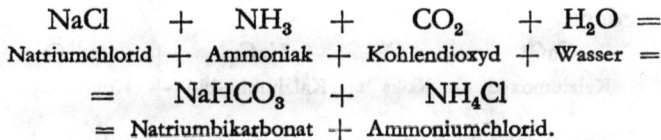

$$NaCl + NH_3 + CO_2 + H_2O =$$
Natriumchlorid + Ammoniak + Kohlendioxyd + Wasser =
$$= NaHCO_3 + NH_4Cl$$
= Natriumbikarbonat + Ammoniumchlorid.

Durch Filtrieren befreit man das ausfallende Natriumbikarbonat von der Ammoniumchloridlösung und verwandelt es durch Erhitzen in Natriumkarbonat (Soda) und Kohlendioxyd:

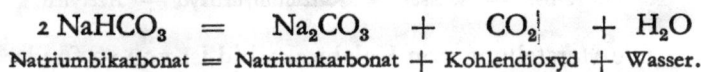

$$2\,NaHCO_3 = Na_2CO_3 + CO_2| + H_2O$$
Natriumbikarbonat = Natriumkarbonat + Kohlendioxyd + Wasser.

Das dabei anfallende Kohlendioxyd wird erneut dem Prozeß zugeführt. Auch aus dem Ammoniumchlorid gewinnt man das Ammoniak wieder zurück, indem man es mit Kalziumhydroxyd (Kalkmilch) umsetzt:

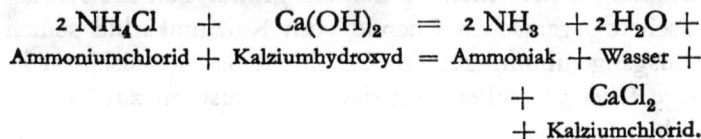

$$2\,NH_4Cl + Ca(OH)_2 = 2\,NH_3 + 2\,H_2O +$$
Ammoniumchlorid + Kalziumhydroxyd = Ammoniak + Wasser +
$$+ CaCl_2$$
+ Kalziumchlorid.

Fast alle technisch hergestellten Natriumverbindungen werden aus Soda und den entsprechenden Säuren gemacht.

Kalziumkarbid (CaC_2):

Ausgangsmaterial ist der Kalkstein ($CaCO_3$), der durch „Brennen" in Kalziumoxyd umgewandelt wird:

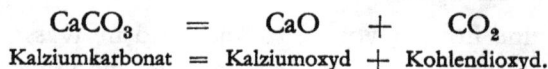

$$CaCO_3 \quad = \quad CaO \quad + \quad CO_2$$

Kalziumkarbonat = Kalziumoxyd + Kohlendioxyd.

Dann mischt man den gebrannten Kalk (CaO) mit Koks (C) und schmilzt die Masse im elektrischen Lichtbogen nieder:

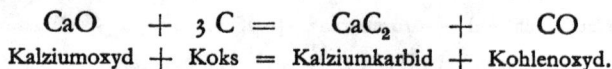

$$CaO \quad + \quad 3\,C = \quad CaC_2 \quad + \quad CO$$

Kalziumoxyd + Koks = Kalziumkarbid + Kohlenoxyd.

Kalziumkarbid ist nur ein Zwischenprodukt und wird hauptsächlich zu Azetylen verarbeitet durch Umsetzung mit Wasser:

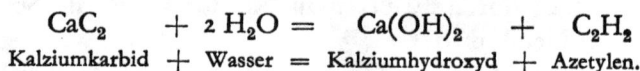

$$CaC_2 \quad + \quad 2\,H_2O = \quad Ca(OH)_2 \quad + \quad C_2H_2$$

Kalziumkarbid + Wasser = Kalziumhydroxyd + Azetylen.

Die Herstellung von Kalziumkarbid ist von so fundamentaler Bedeutung, weil durch diesen Prozeß der an sich anorganische Kohlenstoff über Kalziumkarbid in organisch gebundenen Kohlenstoff verwandelt wird. Aus Azetylen wiederum lassen sich sehr viele organische Verbindungen herstellen, so daß ein großer Teil der synthetischen organischen Chemie vom Kalziumkarbid seinen Ausgang nimmt. Kalziumkarbid ist das technisch wichtige Übergangsglied von der anorganischen zur organischen Chemie.

Mit den genannten technischen Prozessen wollen wir uns begnügen. Sollte man alle technischen Verfahren erwähnen, die ihrer Bedeutung nach erwähnenswert sind, so würde dies allein den Rahmen eines Buches überschreiten. Nachdem wir diese kleine Abschweifung auf das Gebiet der chemischen Technologie unternommen haben, wollen wir zur Betrachtung der fundamentalen Grundlagen des chemischen Wissens zurückkehren.

IV. Hauptteil: Begleiterscheinungen chemischer Reaktionen.

Chemische Vorgänge sind stets von Energieänderungen verschiedenster Art begleitet. Bei der Vereinigung von Wasserstoff und Sauerstoff zu Wasser wird z. B. erhebliche Wärme frei, und bei der Umsetzung von Metallen mit Säuren entsteht bei geeigneter Versuchsanordnung elektrische Energie. Umgekehrt lassen sich vielfach durch Energieänderungen chemische Reaktionen zustande bringen. Führt man beispielsweise einem Gemisch von Kalziumoxyd und Kohlenstoff Wärme zu, so setzt eine Reaktion ein, und zwingt man eine Kochsalzlösung zur Aufnahme elektrischer Energie (Elektrolyse), so tritt ebenfalls eine stoffliche Umwandlung ein. Für alle derartigen mit Energieänderung verbundenen Vorgänge gilt das von Robert Mayer 1842 aufgefundene Gesetz von der Erhaltung der Energie, das besagt: „In einem abgeschlossenen System ist die Gesamtsumme der Energien stets gleich." Tritt also in einem solchen nach außen hin abgeschlossenen System eine stoffliche Veränderung ein, so ist damit weder ein Energieverlust noch -gewinn zu verzeichnen. Es findet lediglich eine Bindung oder Freimachung von Energiemengen statt. Zum Gesetz von der Erhaltung der Masse gesellt sich also ein Gesetz von der Erhaltung der Energie. Von den Energien, die bei chemischen Prozessen auftreten, spielt die Wärme die wichtigste Rolle. An zweiter Stelle steht die

Arbeit (elektrische Arbeit, mechanische Arbeit). Behandelt man ein reagierendes System so, daß weder elektrische noch Volumenarbeit geleistet werden kann, so zeigt sich die Energieänderung ausschließlich in der Änderung der Wärmetönung.

Jedem Zustand der Materie entspricht ein bestimmter Energieinhalt. Ändert sich nun dieser durch eine chemische Reaktion, so tritt zwangläufig eine Änderung des Energieinhalts ein. Wir messen demnach bei der energetischen Verfolgung einer Reaktion niemals Absolutwerte, sondern Differenzen der chemischen Energie. Der absolute Betrag an innerer Energie ist nicht meßbar. Der Chemiker setzt den Energiebetrag für die Elemente gleich Null und baut auf dieser konventionellen Grundlage auf.

Wärme.

Daß chemische Reaktionen von Wärmeerscheinungen (Tönungen) begleitet sind, ist eine alte und offensichtliche Erfahrungstatsache. Und doch hat man verhältnismäßig spät damit begonnen, diese Wärmetönungen zu messen. und zur Erforschung chemischer Probleme nutzbar zu machen. Je nachdem, ob ein chemischer Vorgang wärmeliefernd oder wärmeverbrauchend ist, unterscheidet man exotherme und endotherme Reaktionen. Um eine Reaktion in ihrer Gleichung richtig wiederzugeben, müßte also stets neben den stofflichen Angaben die Energieänderung berücksichtigt sein. Eine stoffliche Reaktionsformel ist stets unvollständig, weil nur der Massenumsatz, nicht auch der Energieumsatz angegeben ist. Die eingangs erwähnten Prozesse besitzen in der vollständigen Formulierung folgende Gleichungen:

$$2\,H_2 \;+\; O_2 \;=\; 2\,H_2O \;+\; 136{,}6\,Cal$$

gasförmig   gasförmig   gasförmig

$$CaO \;+\; 3\,C \;=\; CaC_2 \;+\; CO \;-\; 105{,}35\,Cal$$

fest   fest, Graphit   fest   gasförmig

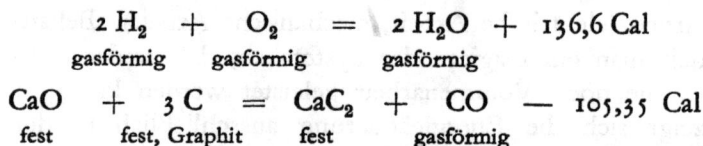

Wie der stoffliche Teil der Gleichungen sich auf Mole bezieht, sind die energetischen Angaben auch auf das gleiche Maß berechnet. Die erste Gleichung sagt in dieser Hinsicht also aus, daß beim Umsatz von 4 g Wasserstoff mit 32 g Sauerstoff zu 36 g Wasser 136,6 Cal[1]) frei werden, und die zweite Gleichung gibt kund, daß bei der Reaktion von 56 g Kalziumoxyd mit 36 g Kohlenstoff zu 64 g Kalziumkarbid und 28 g Kohlenoxyd 105,35 Cal verbraucht werden. Da die Stoffe bei der Reaktion mitunter in verschiedenen Aggregatszuständen und Formen (Modifikationen) vorliegen können und die Änderung dieser Zustände ebenfalls Wärmetönungen (Schmelzwärme, Verdampfungswärme, Umwandlungswärme, Lösungswärme usw.) zur Folge hat, sind die obigen Formeln nur eindeutig, wenn man bei jedem einzelnen Stoff die nötigen Kennzeichen wie Aggregatszustand, Kristallform, Konzentration (bei Lösungen), Druck, Temperatur usw. hinzusetzt. Es ist nämlich bei der Bildungswärme einer Verbindung nicht gleichgültig, aus welchen Bestandteilen sie aufgebaut wird. Die Verbindung $Na_2Cr_2O_7 \cdot 2\,H_2O$ kann man sich z. B. aus folgenden Bestandteilen zusammengesetzt denken:

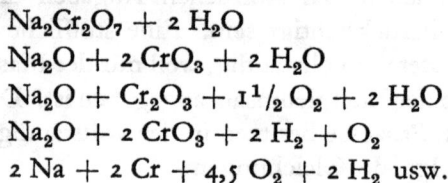

$$Na_2Cr_2O_7 + 2\,H_2O$$
$$Na_2O + 2\,CrO_3 + 2\,H_2O$$
$$Na_2O + Cr_2O_3 + 1\tfrac{1}{2}\,O_2 + 2\,H_2O$$
$$Na_2O + 2\,CrO_3 + 2\,H_2 + O_2$$
$$2\,Na + 2\,Cr + 4{,}5\,O_2 + 2\,H_2 \;\text{usw.}$$

Vergleichbar sind Bildungswärmen nur dann, wenn sie unter analogen Bedingungen gemessen worden sind.

Wir haben eben den Ausdruck „Bildungswärme" gebraucht, ohne uns über dessen Sinn klarzuwerden. Unter der Bildungswärme einer Verbindung versteht man die Wärmetönung, die bei der Bildung einer Verbindung aus ihren Komponenten in Erscheinung tritt. Die Bildungswärme ist also ein spezieller, und zwar sehr einfacher Fall der Reaktionswärme. Nach der obigen Gleichung $2 H_2 + O_2 = 2 H_2O + 136,6$ Cal bedeutet also der Wert $136,6$ Cal die Bildungswärme des Wassers und gleichzeitig die Reaktionswärme des zitierten Reaktionsvorganges.

In den meisten Fällen läßt sich die Bildungswärme einer Verbindung aus ihren Elementen nicht direkt ermitteln, weil entweder die Elemente nicht miteinander reagieren oder die Reaktion von Nebenreaktionen begleitet ist. In diesen Fällen macht man sich eine Gesetzmäßigkeit zunutze, die als Heßscher Satz in der Thermochemie bekannt ist. Heß fand 1840, daß die Wärmetönung einer Reaktion unabhängig davon ist, ob man die Reaktion direkt oder über mehrere Zwischenstufen hinweg durchführt. Ob man z. B. CO_2 nach Gleichung $C + O_2 = CO_2$ herstellt oder zuerst nach Gleichung $2 C + O_2 = 2 CO$ Kohlenoxyd gewinnt und dieses anschließend nach Gleichung $2 CO + O_2 = 2 CO_2$ zu Kohlendioxyd verbrennt, hat auf die Wärmetönung der Gesamtreaktion keinen Einfluß. Der Heßsche Satz ist also ein Spezialfall des Gesetzes von der Erhaltung der Energie. Mit Hilfe dieses Satzes läßt sich z. B. die Bildungswärme von Kohlenoxyd (CO) aus Kohlenstoff und Sauerstoff, die aus experimentellen Gründen direkt nicht meßbar ist, errechnen. Dies geschieht wie folgt:

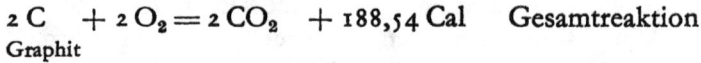

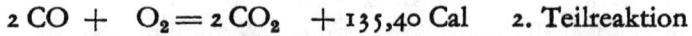

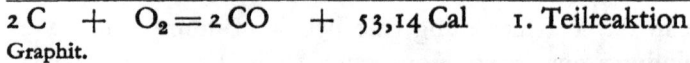

$2 C$ $+ 2 O_2 = 2 CO_2$ $+ 188,54$ Cal   Gesamtreaktion
Graphit

$2 CO + O_2 = 2 CO_2$ $+ 135,40$ Cal   2. Teilreaktion

$2 C$ $+ O_2 = 2 CO$ $+ 53,14$ Cal   1. Teilreaktion
Graphit.

Man subtrahiert von der Bildungswärme der Gesamt-reaktion die der zweiten Teilreaktion und erhält somit die Bildungswärme $+ 53,14$ Cal für die erste Teil-reaktion. Fast stets wird der Heßsche Satz zur Ermittlung der Bildungswärmen organischer Verbindungen heran-gezogen, denn bei diesen kann man höchst selten die direkte Bildung aus den Elementen experimentell messen, weil sie aus den Elementen direkt nicht darstellbar sind. Man hilft sich hierbei so, daß man den organischen Körper verbrennt, ebenso seine Einzelbestandteile und als Differenz die Bildungswärme erhält. Als Beispiel wollen wir die Bildungswärme der Benzoesäure (C_6H_5COOH) ermitteln.

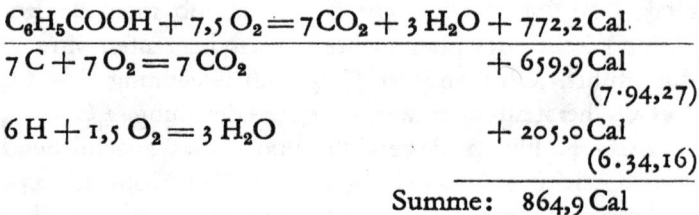

C_6H_5COOH $+ 7,5 O_2 = 7 CO_2 + 3 H_2O + 772,2$ Cal.

$7 C + 7 O_2 = 7 CO_2$ $+ 659,9$ Cal
                                          $(7 \cdot 94,27)$

$6 H + 1,5 O_2 = 3 H_2O$ $+ 205,0$ Cal
                                          $(6 \cdot 34,16)$

Summe: $864,9$ Cal

minus Verbrennungswärme
     der Benzoesäure: $772,2$ Cal

Bildungswärme der Benzoesäure: $+ 92,7$ Cal

Die Rechnung bedarf wohl keiner weiteren Er-läuterung.

Es dürfte bei den thermochemischen Rechnungen auffallen, daß man in der Thermochemie mit Formeln hantiert, die dem wahren Sachverhalt nicht ganz entsprechen (z. B. $1,5 O_2$; $6 H$ usw.). So wissen wir doch aus dem zweiten Hauptteil, daß nur ganzzahlige Vielfache der Elemente miteinander in Reaktion treten und daß Wasserstoff die Formel H_2 besitzt. Dies spielt jedoch hier keine Rolle, denn bei diesen Rechnungen ist die Hauptsache, daß die Formeln mathematisch in Ordnung sind. Durch Erweitern könnte man die Gleichungen zwanglos in die uns geläufige Form bringen, was aber für die Rechnung überflüssig ist.

Die Differenz der Bildungswärmen von den verschwindenden und entstehenden Verbindungen eines Systems ergibt die Reaktionswärme. An einem Beispiel wollen wir dies verfolgen:

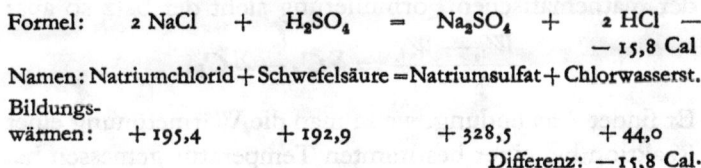

Formel: $\quad 2\,NaCl \quad + \quad H_2SO_4 \quad = \quad Na_2SO_4 \quad + \quad 2\,HCl -$
$$- 15,8 \; Cal$$
Namen: Natriumchlorid + Schwefelsäure = Natriumsulfat + Chlorwasserst.
Bildungs-
wärmen: $\quad + 195,4 \quad\quad + 192,9 \quad\quad + 328,5 \quad\quad + 44,0$
$$\text{Differenz: } -15,8 \; Cal.$$

Ist die Summe der Bildungswärmen der entstehenden Stoffe kleiner als die der verschwindenden, so ist die Reaktion endotherm, ist sie größer, so verläuft die Reaktion exotherm. (Je kleiner die Bildungswärme einer Verbindung ist, desto größer ist ihre innere Energie. Um von Verbindungen höherer Bildungswärme zu solchen niedrigerer zu gelangen, muß also Wärme zugeführt werden, was gleichbedeutend ist mit dem Ausdruck „endotherm"). Aus dem Vorhergehenden haben wir ersehen, daß die Bildungswärme immer nur für eine Reaktion mit genauen Angaben gilt. Wenn man schlechthin von der Bildungswärme einer Verbindung spricht, versteht sich von selbst, daß man darunter die Bildung

aus den Elementen meint. Ist dies nicht der Fall, so muß
stets zur Angabe der Bildungswärme die Reaktionsgleichung hinzugefügt werden.

Die Wärmetönung einer Reaktion ist von der Temperatur abhängig. Bei der Erklärung des chemischen
Gleichgewichts haben wir ja gehört, daß bei Temperaturerhöhung die Wärmetönung sogar so weit verändert
werden kann, daß eine Reaktion in entgegengesetzter
Richtung einsetzt. Den Einfluß der Temperatur hat
zahlenmäßig zuerst Kirchhoff erfaßt. Das Kirchhoffsche
Gesetz sagt aus: „Die Änderung der Reaktionswärme
pro Grad Temperaturanstieg ist gleich der Differenz der
Molekularwärmen vor und nach der Umsetzung." In
der mathematischen Formulierung sieht der Satz so aus:

$$\frac{W_{t_2} - W_{t_1}}{t_2 - t_1} = \Sigma C_A - \Sigma C_E.$$

Er findet Anwendung, wenn man die Wärmetönung einer
Reaktion bei einer bestimmten Temperatur gemessen hat
und nun erfahren will, wie groß sie bei einer anderen
Temperatur ist. Um den Kirchhoffschen Satz besser
verstehen zu lernen, wollen wir ihn ableiten:

Man kann bei einer Reaktion von der allgemeinen Form
$A + B = C + D$ die Ausgangsstoffe $A + B$ bei einer
Temperatur t_1 auf zwei Wegen in $C + D$ bei einer Temperatur t_2 überführen. Einmal kann man (s. Abb.) $A + B$

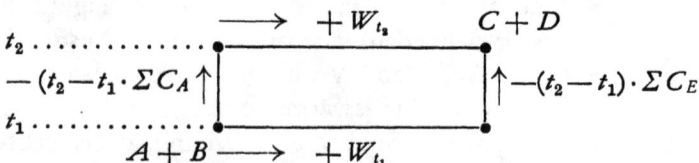

bei der Temperatur t_1 reagieren lassen, wobei die Wärme
W_{t_1} frei wird, und anschließend die Reaktionsprodukte $C + D$

auf die Temperatur t_2 erwärmen, wozu man die Wärmemenge $(t_2 - t_1) \cdot \Sigma C_E$ benötigt. (ΣC_E bedeutet die Summe der mittleren Molekularwärmen von den Endprodukten $C + D$ zwischen den Temperaturen t_1 und t_2; unter der Molekularwärme versteht man die spezifische Wärme eines Stoffes bezogen auf ein Mol Substanzmenge.) Als zweiter Weg besteht die Möglichkeit, $A + B$ zunächst von t_1 auf t_2 zu erwärmen, wozu die Wärmemenge $(t_2 - t_1) \cdot \Sigma C_A$ aufgebracht werden muß und dann bei der Temperatur t_2 die Überführung von $A + B$ in die Stoffe $C + D$ vonstatten gehen zu lassen, wobei die Wärme $W t_2$ frei wird. (ΣC_A bedeutet die Summe der mittleren Molwärmen von den Ausgangsstoffen $A + B$ zwischen den Temperaturen t_1 und t_2.) Setzt man beide Vorgänge gleich, so entsteht folgende Gleichung:

$$W_{t_1} - (t_2 - t_1) \cdot \Sigma C_E = W_{t_2} - (t_2 - t_1) \cdot \Sigma C_A \quad \text{und}$$

daraus folgt:

$$\frac{W_{t_2} - W_{t_1}}{t_2 - t_1} = \Sigma C_A - \Sigma C_E.$$

Um nach dem Kirchhoffschen Gesetz rechnen zu können, muß man also die Wärmetönung einer Reaktion bei einer bestimmten Temperatur kennen und die Molekularwärmen sämtlicher Reaktionsteilnehmer bei verschiedenen Temperaturen. Ändern sich die Molekularwärmen mit der Temperatur nicht, so ist die Wärmetönung einer Reaktion von der Temperatur unabhängig.

In den Arbeitsbereich des Thermochemikers gehört nicht etwa bloß die Messung der Reaktionswärme. Vielmehr geben alle thermischen Effekte Aufschluß über den energetischen Inhalt eines Systems, so die Schmelzwärme eines Stoffes, die Erstarrungswärme (= Schmelzwärme mit umgekehrtem Vorzeichen), die Verdampfungswärme, die Kondensationswärme (= Verdampfungswärme mit negativem Vorzeichen), die Umwandlungswärme usw. Auch aus scheinbar nicht zusammenhängenden Daten lassen sich thermische Effekte in rechnerische Beziehung bringen. So kann man z. B. durch Messung der Gefrierpunktserniedrigung die Schmelzwärme ermitteln und aus Siedepunktserhöhungen die Verdampfungswärme.

Diese Einzelheiten würden jedoch zu weit führen. Wir wollen uns vielmehr damit befassen, wie der Chemiker thermische Daten mißt. Das wichtigste Instrument des Thermochemikers ist das Kalorimeter, der Wärmemesser. Mit diesem stellt er durch Messung von Temperaturunterschieden die Änderung der Wärmetönung fest.

Wird einem gegen Wärmeaustausch gut geschützten Körper eine Wärmemenge W zugeführt, so erhöht sich seine Temperatur um einen bestimmten Betrag Δt, dessen Größe von der Wärmekapazität C abhängt. W ist also $C \cdot \Delta t$. Die Wärmekapazität wiederum ist bedingt durch die Masse M des Körpers und seine spezifische Wärme c. C ist demnach $M \cdot c$. Soll eine Wärmetönung gemessen werden, so muß zuvor die Wärmekapazität des Kalorimeters experimentell durch Eichung mit bekannten Wärmemengen (am besten elektrisch) oder rechnerisch ($C = M \cdot c$) aus der Masse und der spezifischen Wärme des Materials ermittelt werden. Alsdann ergibt die Messung der Temperaturerhöhung nach der obigen Gleichung $W = C \cdot \Delta t$ die gewünschte Wärmetönung.

Ein sehr viel gebrauchtes Modell eines Kalorimeters ist die Kalorimeterbombe (Abb. 33). Sie dient zur Bestimmung der Verbrennungswärme organischer Substanzen. Die Bombe enthält ein Schälchen, auf dem die gewogene Menge der zu verbrennenden Substanz liegt. Mit dem Schälchen in Verbindung steht eine elektrische Zündvorrichtung, durch die zu Beginn der Messung die Verbrennung eingeleitet wird. Nach Verschluß der Bombe drückt man durch ein Ventil Sauerstoff mit 20 bis 40 atü hinein. Alsdann wird die Bombe in ein Becher-

glas mit einer gemessenen Menge Wasser gestellt. Zwecks
guter Umspülung steht die Bombe auf einem Gestellchen.
Aus dem Wasser ragen von der Bombe nur die Anschlußklemmen für den Zündstrom heraus. Zur gleichmäßigen
Wärmeverteilung wird das Wasser durch einen Rührer
(auf der Abbildung nicht zu sehen) ständig in Bewegung

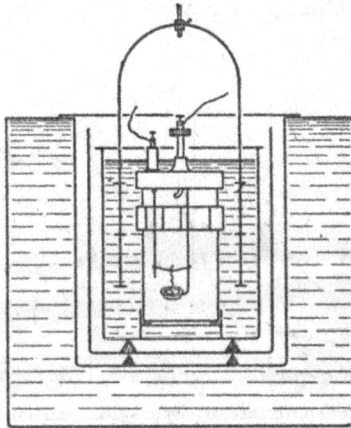

Abb. 33. Kalorimeterbombe.

gehalten. Als Meßinstrumente für die Temperatur ragen
in das Kalorimeter Thermometer hinein, die Temperaturunterschiede von etwa 6^0 auf $1/1000^0$ genau abzulesen gestatten (Beckmann-Thermometer) oder Thermoelemente,
die die Messung der Temperatur bekanntlich auf elektrischem Wege in Millivolt ermöglichen. Das mit einem
Deckel geschlossene Becherglas steht in einem zweiten
und dieses in einem starkwandigen Behälter. Um Wärme-
ableitung weitgehend zu verhindern, sind die beiden
Bechergläser auf kleinen Sockeln aufgestellt. Die Messung
erfolgt nun in der Weise, daß nach Zündung die Tem-

peratur in regelmäßigen Zeitabständen abgelesen wird, bis die Reaktion beendet ist. Trägt man die abgelesenen Temperaturwerte in Abhängigkeit von der Zeit graphisch auf, so ergibt sich eine Kurve, wie sie Abb. 34 zeigt. Der Temperaturverlauf besteht aus einer Vorperiode, in der die Temperatur gleichmäßig und langsam ansteigt. Diese Temperaturerhöhung ist darauf zurückzuführen, daß die

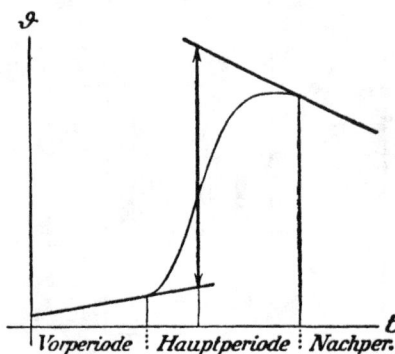

Abb. 34. Temperaturverlauf einer kalorimetrischen Messung.

Wärmeisolierung im Kalorimeter nicht ganz vollkommen ist, so daß stets Wärme von außen aufgenommen wird. Nach der eingesetzten Reaktion steigt die Kurve rasch an und beschreibt die Hauptperiode. Sind sämtliche durch die Reaktion hervorgerufenen Temperaturunterschiede ausgeglichen, so setzt die Nachperiode ein, bei der die Temperatur langsam und gleichmäßig fällt. Durch die Beobachtung von Vor- und Nachperiode lassen sich die Meßfehler, die durch die ständigen Temperaturänderungen, den „Gang", entstehen, korrigieren. In der Abbildung zeigt die Länge des Doppelpfeiles die korrigierte Temperaturerhöhung an.

Die thermochemische Messung interessiert den Wissenschaftler, weil er dadurch Gesetzmäßigkeiten in den energetischen Beziehungen der Elemente untereinander aufdecken kann. Um eine solche Gesetzmäßigkeit zu zeigen,
greifen wir wieder einmal zum Periodischen System (S. 29)
und vergleichen z. B. die Bildungswärmen analog gebauter Verbindungen von den Elementen der 5. Gruppe
(Roth und Becker, 1932). Graphisch aufgetragen ergeben
die Bildungswärmen eigenartige Kurven (s. Abb. 35).
Diese sind immerhin so ausgeglichen, daß sie die Vorhersage der Bildungswärmen noch unbekannter oder nicht
gemessener Verbindungen durch Inter- oder Extrapolation gestatten. Mit ziemlicher Sicherheit kann man
aus den Kurven die Bildungswärme von Niobpentoxyd
(Nb_2O_5), Niobtrichlorid ($NbCl_3$) und Tantaltrichlorid
($TaCl_3$) extrapolieren. Diese Kurven ermöglichen auch
zu entscheiden, ob bisher gemessene Werte richtig sind
oder einer Nachprüfung bedürfen.

So einfach auch die kalorimetrische Messung erscheinen mag, ist die absolut richtige Auswertung doch
sehr schwierig. Es gibt nämlich unzählige Fehlerquellen,
die das Resultat beeinträchtigen und daher zu irrigen
Schlußfolgerungen führen können. Eine wichtige Aufgabe des forschenden Thermochemikers ist es, rasch und
eindeutig verlaufende Reaktionen zu suchen. Denn eine
wissenschaftliche Auswertung einer Messung hat nur
dann einen Sinn, wenn die zu messende Reaktion genau
definiert ist.

Auf den technischen Wert kalorimetrischer Messungen
braucht wohl nicht besonders hingewiesen zu werden:
Die „Heizwertbestimmungen" von Brennstoffen sind
allgemein bekannte thermochemische Methoden, die zur

Beurteilung dieser Energiequellen erforderlich sind. Und ebenso ist die Kenntnis der Wärmetönung technischer

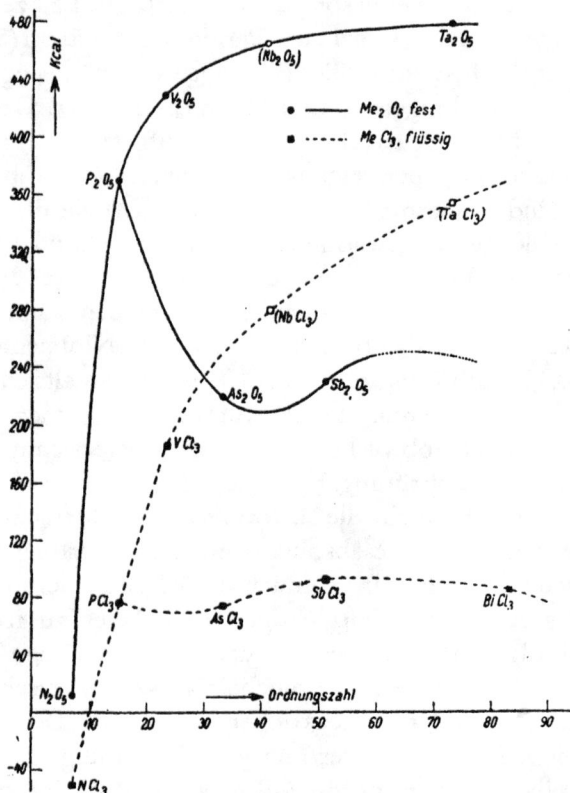

Abb. 35. Bildungswärme von Verbindungen der 5. Gruppe des Periodischen Systems.

Reaktionen eine selbstverständliche Notwendigkeit zur fabrikmäßigen Durchführung der Prozesse.

Arbeit.

1. Elektrische Arbeit.

Eine zweite Energieform, die als Begleiterin chemischer Reaktionen auftritt, ist die Elektrizität. Während gewöhnlich bei den chemischen Umwandlungen die Energie in Form von Wärme frei wird, kann man die Versuchsbedingungen auch so wählen, daß anstatt Wärme elektrische Energie auftritt: Taucht man ein Zinkblech in verdünnte Schwefelsäure, so findet unter Gasentwicklung eine chemische Reaktion nach der Gleichung $Zn + H_2SO_4 = ZnSO_4 + H_2$ statt, wobei die Energieänderung durch Wärmeabgabe zutage tritt. Bringen wir aber ein Zinkblech und ein Platinblech durch einen Kupferdraht mit einem Galvanometer in Verbindung und tauchen dann die Bleche in verdünnte Schwefelsäure, so zeigt das Galvanometer sofort das Auftreten eines Stromes an. Der chemische Vorgang ist bei beiden Versuchen der gleiche. Das Platinblech beim letzten Versuch bleibt völlig unversehrt und übernimmt nur die Rolle eines guten Leiters der Elektrizität. Eine solche Vorrichtung zur Erzeugung von Elektrizität bei chemischen Prozessen nennt man ein galvanisches Element (hat nichts zu tun mit dem im ersten Hauptteil gebrauchten Begriff „Element"!).

Bevor wir uns mit den Beziehungen zwischen chemischen Reaktionen und der Elektrizität befassen, wollen wir die wichtigsten Maßeinheiten der Elektrizität rekapitulieren. Die Stärke des Stromes wird in Ampere gemessen. Ein Ampere ist die Stromstärke, die in einer Sekunde 1,118 mg Silber aus einer Silbersalzlösung abscheidet. Die Einheit für die Spannung ist das Volt. Als 1 Volt gilt die elektrische Spannung, die $^1/_{300}$ Ladungseinheit auf einer Kugel von 1 cm

Radius hervorbringt. Die Strommenge wird in Coulomb gemessen. Ein Coulomb ist die Strommenge, die in einer Sekunde in einem Stromkreis von 1 Amp. durchfließt, also 1 Amp. · 1 Sek. 3600 Coulomb sind 1 Amperestunde. Der Widerstand wird gemessen in Ohm. 1 Ω ist derjenige Widerstand, den eine Quecksilbersäule von 106,3 cm Länge und 1 mm² Querschnitt bei 0⁰ C dem elektrischen Strom entgegensetzt. Zwischen Stromstärke, Spannung und Widerstand besteht eine einfache Beziehung, die als Ohmsches Gesetz bekannt ist. Sie lautet: Stromstärke $= \dfrac{\text{Spannung}}{\text{Widerstand}}$. Setzt man die oben definierten Einheiten dafür ein, so ergibt sich:

$$\text{Amp.} = \frac{V}{\Omega}.$$

Bewegt man eine Elektrizitätsmenge gegen eine Spannung, so leistet man Arbeit, ebenso wie wenn man eine Masse hebt. Die Einheit für die elektrische Arbeit heißt 1 Joule oder Wattsekunde. Ein Joule ist 1 Amp. · 1 Volt · 1 Sek.

So wie chemische Reaktionen im galvanischen Element elektrischen Strom liefern, kann man auch umgekehrt durch Zuführung von Elektrizität eine chemische Reaktion zustande bringen, die freiwillig nicht vonstatten gehen würde. Dieses Verfahren nennt man Elektrolyse. Im folgenden wollen wir die Zusammenhänge zwischen chemischem Umsatz und elektrischer Energie klarlegen und dabei Strommenge und Spannung einzeln behandeln. Die Beziehungen zwischen Strommenge und chemischer Reaktion werden durch die Faradayschen Gesetze wiedergegeben. Das erste Faraday-Gesetz sagt aus: Die Menge eines durch Stromauf- oder -abnahme veränderten Stoffes ist proportional der Strommenge. Das zweite befaßt sich zahlenmäßig mit der Menge umgesetzter Substanz: Durch einen Strom von

96 500 Coulomb ($= 26{,}8$ Amp.-Std.) wird ein Gramm-äquivalent (S. 91) des betreffenden Stoffes umgesetzt. 26,8 Amp.-Std. scheiden also aus Chlorwasserstoff 35,5 g Chlor ($\frac{35{,}5}{1}$ Cl), aus Kupferchlorid 31,87 g Kupfer ($\frac{63{,}75}{2}$ Cu), aus Eisenchlorür 27,92 g Eisen ($\frac{55{,}84}{2}$ Fe), aus Eisenchlorid 18,61 g Eisen ($\frac{55{,}84}{3}$ Fe) usw. ab. Bei galvanischen Elementen hat sich durch Entnahme von 26,8 Amp.-Std. entsprechend 1 Grammäquivalent Substanz umgesetzt. Diese Strommenge von 26,8 Amp.-Std. pro Grammäquivalent eines Stoffes ist eine universelle Konstante.

Die Spannung ist dagegen eine für jedes Element charakteristische Größe. Wir erfuhren schon vorhin, daß beim Lösen von Zink in Schwefelsäure ein Stromfluß meßbar ist. Um ihn zahlenmäßig für alle Elemente zu erfassen, ist erforderlich, einheitliche Versuchsbedingungen zu wählen. Wir wollen zunächst nur die Spannung der Elemente gegen ihre Salzlösung messen, z. B. Magnesium gegen Magnesiumsulfatlösung, Kupfer gegen Kupferchloridlösung usw. Hierbei stellt sich heraus, daß die Spannung von der Konzentration der Lösung abhängig ist. Sie steigt mit wachsender Konzentration. Um darin eine einheitliche Basis zu schaffen, werden die Spannungen der Elemente gegen die „normale" $\left(\frac{n}{1}\right)$ Lösung ihrer Salze gemessen. Man versteht unter normaler Lösung 1 Grammäquivalent Substanz pro Liter Lösungsmittel. Weiterhin zeigt sich eine Abhängigkeit der Spannung vom Druck, was aber nur bei gasförmigen Elementen von Bedeutung ist, z. B. wenn man Chlor gegen eine $\left(\frac{n}{1}\right)$ Kaliumchloridlösung mißt. Die Spannung steigt mit dem Druck. Als Norm setzt man

1 Atm. fest. Mißt man nun unter den angegebenen Bedingungen die Elemente durch, so erhält man folgende Werte von den wichtigsten Elementen (bezogen auf das Potential des Wasserstoffs = Null):

Zahlentafel 5. Spannungsreihe wichtiger Elemente.

Metalle (Kationen):				Säurereste (Anionen):	
Li	— 3,02 V	Ni	— 0,228 V	F$_2$	+ 2,8 V
K	— 2,92 „	Pb	— 0,12 „	Cl$_2$	+ 1,36 „
Na	— 2,71 „	Sn	— 0,10 „	J$_2$	+ 0,54 „
Ba	— 2,8 „	H$_2$	± 0,00 „	S	— 0,55 „
Mg	— 1,55 „	Cu	+ 0,329 „		
Mn	— 1,01 „	Ag	+ 0,789 „		
Zn	— 0,77 „	Hg	+ 0,86 „		
Fe	— 0,43 „	Au	+ 1,5 „		

Die Reihenfolge der Elemente nach ihrem Potential gegen ihre „normalen" Lösungen nennt man die Spannungsreihe. Die Spannung heißt elektromotorische Kraft (EMK). Diese Reihenfolge ist die gleiche, die man erhalten würde, wenn man feststellt, welche Elemente ein anderes aus seiner Lösung verdrängen. (Taucht man einen Zinkstab in eine Kupfersulfatlösung, so geht Zink in Lösung und es scheidet sich Kupfer am Zinkstab ab. Das Kupfer ist „edler" als Zink und wird deshalb vom Zink aus seiner Lösung verdrängt. $Zn + CuSO_4 = Cu + ZnSO_4$). Wir besitzen somit in der Spannungsreihe ein Maß für die Reaktionsfähigkeit der Elemente. Die als „edel" bekannten Metalle stehen an dem einen Flügel der Reihe und die als sehr reaktionsfähig bekannten Elemente am anderen.

Wie muß man nun die Versuchsanordnung treffen, um bei einem chemischen Umsatz die Energie als Elektrizität zu erhalten? Wir ziehen die eben erwähnte Reaktion $Zn + CuSO_4 = ZnSO_4 + Cu$ nochmals als Beispiel heran. Die erste Bedingung ist, daß man eine Mischung der miteinander reagierenden Stoffe verhindert. Zu diesem Zweck baut man in das galvanische Element (s. Abb. 36) eine poröse Wand, ein Diaphragma, ein. Diese bewirkt, daß zwar der elektrische Strom durch die Wand hindurchgehen kann, eine Vermischung der Flüssigkeiten aber nicht möglich ist. In den linken Teil des galvanischen Elements taucht man das Zink ein und in den rechten Teil bringt man die Kupfersulfatlösung. Nun kommt es darauf an, den Stromkreis zu schließen. Zu diesem Zweck taucht man in die Kupfersulfatlösung eine leitende Elektrode ein.

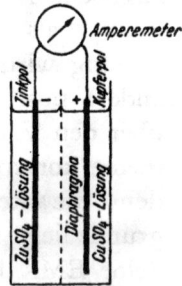

Abb. 36. Galvanisches Element.

Da man mit Kupferlösung arbeitet, wählt man zweckmäßig Kupfer. Man könnte auch jedes andere Metall nehmen, das edler als Kupfer ist. Um im linken Teil des Elements den Strom zu schließen, füllt man eine beliebige leitende Lösung ein, die allerdings mit den angrenzenden Stoffen nicht reagieren darf. (Es würde sonst durch Nebenreaktion Energie in Form von Wärme frei werden.) Da sich in der Zelle Zink als Elektrode befindet, wählt man am besten Zinksulfatlösung. Durch Verbindung der beiden Elektroden mittels eines Drahts wird der Stromkreis geschlossen[2]). Der Vorgang im Element ist nun folgender: Die Zinkelektrode hat das Bestreben, positiv geladene Zinkionen in Lösung zu

schicken, und lädt sich dabei selbst negativ auf. Diese
Lösungstension hört auf, wenn der osmotische Druck der
Lösung gleich dem Lösungsdruck der Elektrode ist.
Das Bestreben, in Lösung zu gehen, erweist sich um so
größer, je unedler ein Metall ist. Gleichzeitig werden die
edleren Kupferionen in der anderen Zelle durch die ein-
setzende Ionisation des Zinks veranlaßt, ihre Ladung ab-
zugeben. An der Kupferelektrode scheidet sich deshalb
Kupfer als Metall ab, und die entsprechende positive
Ladung wird frei. So ist also ein Pol negativ und der
andere positiv geladen. Der Potentialausgleich erfolgt
über den Verbindungsdraht und kann durch Meßinstrumente kontrolliert werden. Dieses galvanische Element,
dem die Reaktion $Zn + CuSO_4 = Cu + ZnSO_4$ zu-
grunde liegt, ist in der Praxis als Daniell-Element bekannt.
Seine EMK kann man vorausberechnen. Man bedenke,
daß das Element eigentlich aus zwei Elementen zusammengesetzt ist. Das erste ist Zink gegen Zinksulfat, das
zweite Kupfer gegen Kupfersulfat. Bei beiden Elektroden
liegt das Bestreben vor, Ionen in Lösung zu schicken.
Die beiden Metalle stehen gewissermaßen im Konkurrenz-
kampf miteinander. Welche Elektrode nun positiv und
welche negativ wird, hängt davon ab, welches Element
die stärkere Lösungstension, also auch die stärkere EMK
entwickelt. Die bei dem Daniell-Element nach außen hin
auftretende EMK ist dann die Differenz zwischen den
EMK-Werten der einzelnen Zellen. Nach der Spannungsreihe ergibt sich für das Daniell-Element $+ 0,49 -$
$(- 0,61) = + 1,1$ Volt. Zink als das unedlere Metall
bildet die negative Elektrode, Kupfer entsprechend
zwangläufig die positive. Allgemein kann man sagen,
daß das unedlere Metall stets negativ ist. Die EMK eines

Elements ist um so größer, je weiter die Elemente in der Spannungsreihe auseinander stehen. Bekannte galvanische Elemente sind außer dem Daniell-Element das Leclanché-Element (Zink in Ammoniumchlorid/Kohle), das Bunsen-Element (Zink in Schwefelsäure/Kohle in Salpetersäure) und das Meidinger-Element (Zink in Magnesiumsulfat/Blei in Kupfersulfat).

Bei galvanischen Elementen wird also die bei freiwillig verlaufenden Reaktionen frei werdende Energie in Elektrizität verwandelt. Die Umkehrung des Vorganges im galvanischen Element ist ebenfalls möglich. Legt man an die Pole des Daniell-Elements einen Strom an — dieser muß eine Spannung von mehr als 1,1 Volt besitzen! —, so setzt der umgekehrte Vorgang ein: Kupfer geht als Kupfersulfat in Lösung, und Zink scheidet sich aus der Zinksulfatlösung am Zinkstab als Metall ab. Dieses Verfahren — die Zersetzung chemischer Stoffe mittels des elektrischen Stromes — nennt man, wie bereits erwähnt, Elektrolyse.

Die Grundbedingung für die Elektrolyse ist das Vorhandensein einer stromleitenden Flüssigkeit als Elektrolyt. Als solche eignen sich Säuren, Basen und Salze (elektrische Leiter zweiter Klasse). Wie wir schon aus den vorausgegangenen Kapiteln wissen, gehen Säuren, Basen und Salze beim Lösen in Wasser in den Ionenzustand über, indem das Wasser infolge seiner hohen Dielektrizitätskonstante als Dielektrikum zwischen die Ionen tritt. Solche ionenhaltige Lösungen leiten den elektrischen Strom gut. Verbindungen, die keine Ionenbindung aufweisen, wie z. B. Zucker, können naturgemäß in Wasser nicht ionisieren und deshalb auch nicht den Strom leiten. Ebenso wirken Lösungsmittel, die ausgesprochene Nichtleiter der Elektrizität sind, wie Toluol, Azeton, Pentan, als Isolatoren. Geschmolzene Salze leiten den Strom gut (Schmelzflußelektrolyse). Welches ist nun der Vorgang bei der Elektrolyse? Der Elektrolyt enthält, wie gesagt, positive und negative Ionen. Legt man nun an den einen Pol der Elektrolysenzelle den positiven Pol einer Stromleitung an und an den anderen den negativen, so werden die negativen Ionen des Elektrolyten vom positiven Pol angezogen, und die positiven Ionen vom negativen Pol. Es setzt also eine Wanderung der Ionen ein. Sobald die Ionen den entgegengesetzt geladenen Pol erreicht haben, geben sie ihre Ladung ab und scheiden sich als ungeladene Stoffe aus. Aus diesem Hergang erhellt, daß zur Elektrolyse nur Gleichstrom brauchbar ist. Bei Wechselstrom, bei dem bekanntlich die Stromrichtung sich dauernd (etwa 50 mal pro Sekunde) umkehrt, ist eine Wanderung der Ionen unmöglich. Alle positiv geladenen Ionen (Metallionen, Wasserstoffionen) wandern bei Anlegung von Gleichstrom vom positiven zum negativen Pol, also mit dem Strom, alle negativ geladenen (Nichtmetallionen) vom negativen zum positiven Pol, also gegen den Strom. Die mit dem Strom zur Kathode (negativer Pol) wandernden Ionen führen den Namen Kationen, die zur Anode (positiver Pol) strebenden heißen entsprechend Anionen. Wenn keine Sekundäreffekte auftreten, scheiden sich bei der Entladung der Ionen die Stoffe als solche ab. So z. B. erhält man bei der Elektrolyse von wäßriger Chlorwasserstofflösung (HCl) an der Anode Chlor und an der Kathode Wasserstoff. Elektrolysiert man dagegen eine wäßrige Schwefelsäure (H_2SO_4), so erhält man nicht etwa SO_4 an der Anode, sondern Sauerstoff. Dies ist darauf zurückzuführen, daß das sich primär entladende

SO$_4$-Ion sofort mit dem Wasser reagiert nach Gleichung: 2 SO$_4$ + 2 H$_2$O = 2 H$_2$SO$_4$ + O$_2$ und Sauerstoff entwickelt. Ebenso erhält man bei der Elektrolyse von Natriumhydroxydlösung an der Kathode nicht Natrium, sondern dieses reagiert mit dem Wasser sogleich nach Schema: 2 Na + 2 H$_2$O = 2 NaOH + H$_2$ unter Bildung von Wasserstoff und Rückbildung von Natriumhydroxyd. Die Endprodukte der Natriumhydroxyd-Elektrolyse sind demnach Wasserstoff und Sauerstoff. Wollte man metallisches Natrium gewinnen, so muß man wasserfreie Elektrolyten wählen, also z. B. das feste wasserfreie Natriumhydroxyd im Schmelzfluß elektrolysieren.

Nebenbei sei bemerkt, daß auch Wasser selbst zum ganz geringen Teil in H- und OH-Ionen zerfallen ist. Wenn auch der Dissoziationsgrad so gering ist, daß reines Wasser den elektrischen Strom schlecht leitet, so ist diese Tatsache doch der Grund für das Auftreten von Hydrolyse (S. 129) beim Lösen bestimmter Stoffe in Wasser.

Die Elektrolyse hat in praktischer Hinsicht ausgedehnte Anwendung gefunden. Man kann vier verschiedene Anwendungsmöglichkeiten unterscheiden: 1. Die Herstellung chemischer Produkte, z. B. die Fabrikation von Chlor und Natronlauge durch Elektrolyse einer Kochsalzlösung. Bei diesem Verfahren wird der im Elektrolyten gelöste Stoff zerlegt; die Elektroden bleiben praktisch indifferent. 2. Die Reinigung (Raffination) chemischer Produkte. Hierzu wird das zu reinigende Produkt, z. B. Kupfer, als Anode in eine Kupfersulfatlösung gehängt. Durch Elektrolyse geht es in Lösung und scheidet sich an der Kathode als reines Metall wieder aus. Die Verunreinigungen bleiben im Elektrolyten zurück. 3. Die Herstellung von schützenden Überzügen

(Vernickelung, Verchromung). Der zu überziehende
Körper wird als Kathode ins Bad gelegt. Als Anode
wird ein indifferentes Metall gewählt oder das Metall,
aus dem der Überzug bestehen soll. Das Verfahren führt
den Namen Galvanostegie. 4. Die Anfertigung von
Formstücken. Soll von einem Gegenstand ein metallener
Abdruck (ähnlich den bekannten Gipsabdrücken) gemacht werden, so stellt man zunächst von Guttapercha
oder Wachs einen Abdruck her, macht ihn durch Be-
streichen mit Graphit stromleitend und hängt ihn als
Kathode in ein Elektrolysenbad. Beim Stromdurchgang
scheidet sich auf dem Abguß formtreu eine ablösbare
Schicht eines Metalls, z. B. Kupfer, beliebiger Stärke ab
(Galvanoplastik).

Die wissenschaftliche Bedeutung der Kenntnis elektro-
chemischer Vorgänge liegt besonders darin, daß man in
der elektrischen Energie ein exaktes, leicht bestimmbares
Maß für die freie Energie chemischer Vorgänge besitzt.
Darüber werden wir später noch eingehender diskutieren.
Durch messende Verfolgung elektrischer Daten, z. B.
der Leitfähigkeit, der Ionenwanderung usw., weiß der
Wissenschaftler sehr aufschlußreiche Folgerungen über
den Vorgang in Lösungen zu ziehen.

Eine Beschreibung der Forschungsmethoden des
Elektrochemikers läßt sich schwerlich durchführen, weil
sie zu vielseitig und umfangreich sind. Je nach der
Problemstellung, auf die hingezielt wird, ist die Meß-
methode gänzlich verschieden. Wir wollen uns deshalb
begnügen, eine beliebige Aufgabe herauszugreifen und zu
erläutern.

Es soll auf elektrischem Wege der Umsatz von Chlorwasserstoffsäure mit Natriumhydroxyd nach der Gleichung

HCl + NaOH = NaCl + H_2O, also eine Neutralisation, verfolgt werden. Hierzu bedient man sich der „konduktometrischen Titration". Das Verfahren beruht darauf, daß die elektrische Leitfähigkeit einer Lösung sich ändert, wenn ein schnell wanderndes Ion (z. B. H- oder OH-Ion) durch langsam wandernde (z. B. Cl- oder Na-Ionen) ersetzt wird. Die Beweglichkeit des Wasser-

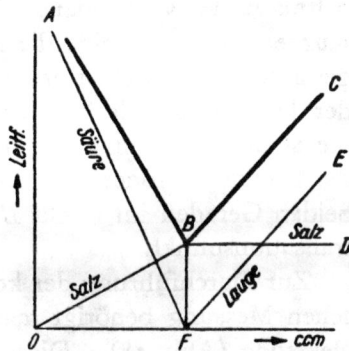

Abb. 37. Leitfähigkeitskurven bei der konduktometrischen Titration.

stoffions beträgt 0,341, die des Hydroxylions 0,174, die des Na- bzw. Cl-Ions jedoch weniger als 0,07. Wird eine Säure kontinuierlich mit einer Lauge versetzt, so nimmt die Leitfähigkeit bis zum Äquivalenzpunkt ab, weil die H-Ionen aus der Lösung verschwinden. Bei weiterem Zusatz von Lauge wächst die Leitfähigkeit wieder, weil die Zahl der OH-Ionen sich vergrößert. Trägt man die Leitfähigkeit der an der obigen Reaktion beteiligten Ionen in Abhängigkeit von der zugesetzten Laugenmenge graphisch auf, so erhält man folgende Kurve (Abb. 37). Das Kurvenstück *A—F* zeigt die Leitfähigkeit der

Säure (H-Ionen), der Teil $F—E$ die der Lauge (OH-Ionen) an. Kurve $O—B—D$ gibt die Leitfähigkeit des Salzes (NaCl) wieder. Das bei der Reaktion entstehende Wasser scheidet aus der Betrachtung aus, weil die Leitfähigkeit des Wassers infolge seiner äußerst geringen Dissoziation in H- und OH-Ionen verschwindend klein ist im Verhältnis zu den vorhandenen übrigen Ionen. Kurve $A—B—C$ zeigt die Änderung der gesamten Leitfähigkeit an, wie man sie bei der konduktometrischen Titration erhält. Sie stellt die Summe der Leitfähigkeiten der beteiligten Ionen dar. Der Schnitt der beiden Geraden im Punkt B ist der Neutralisationspunkt.

Zur Durchführung der konduktometrischen Messung benötigt man eine Tauchelektrode (Abb. 38). Diese enthält zwei Platinbleche, die als Elektroden fungieren. Der Apparat wird in die zu messende Lösung hineingehängt und mit den Polanschlüssen in einen elektrischen Stromkreis eingefügt. Da es sich hierbei nicht um eine Elektrolyse handelt, wird Wechselstrom statt Gleichstrom angewendet. Man erzeugt ihn durch ein Induktorium. Die Meßanordnung ist die bekannte Wheatstonesche Brückenschaltung (Abb. 39). Ein aus einem gleichmäßig starken Draht bestehender Schiebewiderstand (AB), der auf einer Skala befestigt ist, steht mit einem Induktorium (C) in Verbindung. Von den Anschlußklemmen zweigt sich ein Stromkreis ab, der über einen Vergleichswiderstand (R) bekannter Größe und

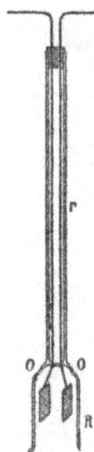

Abb. 38.
Tauchelektrode
zur konduktometrischen Titration.

das Titriergefäß (*W*) führt. Zwischen beiden ist als Brücke
ein Meßgerät (*E*) geschaltet. Da mit Wechselstrom ge-
arbeitet wird, eignet sich hierfür ein Telephonhörer.
Nach Ingangsetzung des Induktoriums verschiebt man
den Kontakt am Schiebewiderstand (*AB*) so lange, bis
der Telephonhörer schweigt, also kein Strom über die
Brücke fließt. Dann ergibt sich folgende Proportion der
Widerstände $R : X = a : b$ (*a* bedeutet linke, *b* rechte
Hälfte des Schiebewiderstandes). Daraus errechnet sich

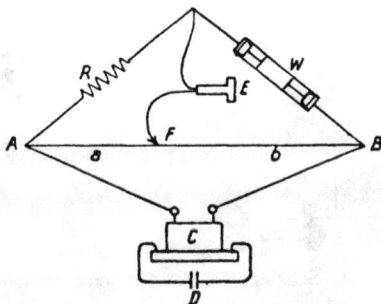

Abb. 39. Schaltskizze zur konduktometrischen Titration.
Wheatstonesche Brückenschaltung.

der Widerstand X der Titrierflüssigkeit. Die Leitfähig-
ist dann der reziproke Wert $1/X$. Mißt man auf diese
Weise die Leitfähigkeit in Abhängigkeit von der hinzu-
gefügten Menge Natronlauge, so erhält man eine Kurve,
wie sie A—B—C in Abb. 37 darstellt.

Hat man so 3,647 g Chlorwasserstoff titriert und
dabei 200 cm³ n/5 NaOH ($= 4{,}000$ g NaOH) verbraucht,
dann erhellt daraus, daß mit 1 Mol HCl 1 Mol NaOH in
Reaktion getreten ist. Auf elektrometrischem Wege
ist somit die Verfolgung einer Reaktion vorgenommen
worden, ähnlich wie wir dies auf S. 133 rein chemisch

bereits getan haben. Das Hauptanwendungsgebiet der konduktometrischen Titration liegt jedoch in der quantitativen Analyse, wo es darauf ankommt, Gehaltsbestimmungen bekannter Säuren und Basen durch Titration vorzunehmen.

Bei der großen Bedeutung, die der genauen Kenntnis der EMK zukommt, wollen wir nicht unterlassen, auch die Methode kennenzulernen, nach der der Chemiker diese Größe einer Reaktion mißt. Nur in seltenen Fällen

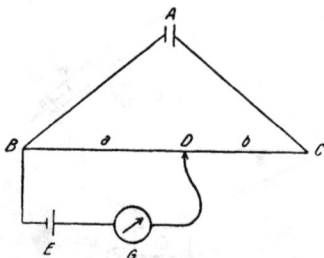

Abb. 40. Schaltskizze zur Messung der EMK.

ist es möglich, die EMK eines galvanischen Elements dadurch zu messen, daß man die Pole des Elements mit einem Galvanometer verbindet und den Ausschlag direkt abliest; denn die EMK ist ein Maximalwert, der nur dann erreicht wird, wenn dem System keine Energie entnommen wird. Bei der genauen Messung der EMK muß man die Stromentnahme vermeiden. Dies geschieht durch die Kompensationsmethode. Man legt an das zu messende Element eine Spannung an, die gleich groß oder wenigstens annähernd gleich groß der des Elements ist. Abb. 40 zeigt die Schaltskizze. Eine Gleichstromquelle A (Akkumulator), deren EMK vorher genau ermittelt worden ist, wird mit dem Schiebewiderstand BC ver-

bunden. Von diesem zweigt man bei B und dem Gleit-
kontakt D einen Stromkreis ab, in welchem das zu
messende Element E und ein empfindliches Meßinstru-
ment G eingeschaltet ist. Das Element E muß so ange-
schaltet werden, daß in den Punkten B und D die gleich-
namigen Pole der Stromquellen A und E sich gegenüberstehen, die Elemente also gegeneinander gestellt sind.
Man sucht nun durch Verschieben des Gleitkontaktes D
die Stelle heraus, bei der das Galvanometer keinen Ausschlag gibt. Dann ergibt sich für beide Stromkreise
folgende Proportion: $E : a = S : a + b$ (a ist der Widerstand zwischen B und D, b der zwischen D und C, gemessen in Ω; E ist die EMK des unbekannten Elements,
S die EMK der Stromquelle A). Die EMK von E ist
demnach $E = S \cdot a/(a + b)$ Volt.

Ionentheorie.

An dieser Stelle dürfte es angebracht sein, eine kleine
Abschweifung vorzunehmen und auf unsere Kenntnis
von den Ionen einzugehen. Wir haben schon des öfteren
von den Ionen mit einer gewissen Selbstverständlichkeit
gesprochen und können dies auch, weil dem Chemiker
von heute die Existenz der Ionen eben eine Selbstverständlichkeit ist. Hierbei wollen wir nicht vergessen, daß
die letzte und vorletzte Chemikergeneration jahrzehnte-
lang um diese Erkenntnis gerungen hat.

Löst man einen chemischen Körper, z. B. Harnstoff
$CO(NH_2)_2$, in Wasser, so ist die Höhe des sich einstellen-
den osmotischen Drucks oder der damit in Abhängigkeit
stehenden Gefrierpunktserniedrigung und Siedepunktserhöhung (S. 63) proportional der Anzahl der gelösten
Moleküle. Bei den Säuren, Basen und Salzen (z. B. HCl,

NaOH, NaCl) findet man darin eine Abnormität. Die drei Effekte weisen bedeutend höhere Werte auf, und bei starker Verdünnung steigen die Werte sogar auf das Doppelte an, so daß man annehmen muß, die Moleküle zerfallen in verdünnter Lösung völlig in ihre Bestandteile. Dem chemischen Charakter dieser Stoffe widerspricht es aber, in wäßriger Lösung eine Spaltung in die Elemente für möglich zu halten. Die durch den Lösungsvorgang aufgenommene Energie in Form der Lösungswärme ist zudem im Verhältnis zur Bildungswärme so gering, daß eine Spaltung in Atome nicht in Frage kommt. Man hat nun 1887 die Abnormität geklärt, indem man feststellte, daß die Stoffe, welche sich in bezug auf den osmotischen Druck abnorm verhalten, in dem gleichen Lösungsmittel den elektrischen Strom sehr gut leiten (Leiter zweiter Klasse). Man kam zu der Erkenntnis, daß die elektrischen Leiter zweiter Klasse in der wäßrigen Lösung frei bewegliche elektrisch geladene Teilchen bilden. Diese nannte man Ionen (= Wanderer). Das Symbol für Ionen ist das Plus- oder Minuszeichen am chemischen Symbol, z. B. Na^+, Cl^-, Zn^{++}, SO_4^{--} usw. Durch die Energie der Wärmebewegung können in wäßriger Lösung Moleküle in Bruchstücke gespalten werden, die statt der chemischen Bindung elektrische Ladungen tragen. Dieser Vorgang ist nur möglich, wenn dem Vereinigungsbestreben der entgegengesetzt aufgeladenen Ionen ein Hindernis entgegengestellt wird. Wie wir schon S. 113 erfahren haben, bildet das Wasser auf Grund seiner hohen Dielektrizitätskonstante die Isolierschicht zwischen den elektrischen Ladungen. Je mehr Wasser vorhanden ist, d. h. also je verdünnter die Lösung ist, desto vollständiger ist die Spaltung des gelösten Stoffes in Ionen.

Der Dissoziationsgrad der Säuren, Basen und Salze ist in Wasser besonders hoch, weil dessen Dielektrizitätskonstante (81,7) auffallend hoch ist. Andere Lösungsmittel, die auch als Dielektrika wirken, haben eine ihrer Dielektrizitätskonstante entsprechende Dissoziation ebenfalls zur Folge, z. B. Äthylalkohol (DK = 25,2) und Azeton (DK = 21,4).

Mit der Annahme, daß frei bewegliche Ionen im Wasser enthalten sein sollen, hat nun der Autor wenig Verständnis bei der damaligen Fachwelt gefunden. Heute hat man sich längst mit der Vorstellung abgefunden, daß ein elektrisch geladenes Atom oder Molekül, also ein Ion, ganz andere physikalische und chemische Eigenschaften besitzt wie das ungeladene Atom bzw. Molekül.

Die damals beobachtete abnorme Leitfähigkeit der Elektrolyte läßt sich bei genauer Messung umgekehrt dazu auswerten, den Dissoziationsgrad eines Stoffes in einem Lösungsmittel zu bestimmen.

Die Ionentheorie hat in der anorganischen Chemie zu einer ganz neuen Denkweise geführt. Während man z. B. sich vorher ein Salz stets aus seinem Säure- und Basenanteil zusammengesetzt dachte und dementsprechend $ZnSO_4$ als „schwefelsaures Zinkoxyd" bezeichnete, betrachtet man heute die Salze als Aufbauprodukt aus Ionen und gebraucht danach für $ZnSO_4$ die Bezeichnung „Zinksulfat" entsprechend dem Dissoziationsvorgang $ZnSO_4 \rightleftharpoons Zn^{++} + SO_4^{--}$.

2. Mechanische Arbeit.

Läßt man eine chemische Reaktion unter besonders gewählten Bedingungen ablaufen, so kann sich die frei werdende Energie auch in Form von mechanischer Arbeit äußern. Die Reaktion $2 H_2 + O_2 = 2 H_2O$ liefert mechanische Arbeit, wenn man einen mit Wasserstoff gespeisten Bunsenbrenner unter einen Heißluftmotor stellt. Die Reaktion $CaCO_3 + 2 HCl = CaCl_2 + H_2O + CO_2$ kann mechanische Arbeit produzieren, wenn man den Vorgang in einem Zylinder mit beweglichem Kolben ablaufen läßt. Das sich entwickelnde Kohlendioxyd erzeugt Druck, und dieser hebt den Kolben, leistet also mechanische Arbeit. Eine weitere allzu bekannte Arbeitsleistung chemischer Reaktionen ist die durch Sprengstoffe bewirkte Explosion. Bei allen diesen angeführten Beispielen erfolgt jedoch die Umwandlung von chemischer Energie in mechanische Arbeit nicht unmittelbar, sondern geht über Zwischenstufen (Wärmebildung usw.) vor sich, stellt also einen Sekundäreffekt dar. Die Beziehungen zwischen mechanischer Arbeit und den übrigen Energieformen sind rein physikalische Probleme, die mit chemischen Reaktionen nicht in Zusammenhang stehen. Nach unserem bisherigen Wissen ist der tierische Muskel die einzige Vorrichtung, die chemische Energie unmittelbar in mechanische Arbeit umzuwandeln vermag. Da mechanische Arbeit quantitativ in andere Energieformen umwandelbar ist, z. B. in Wärme, und anderseits bei chemischen Prozessen die Arbeitsleistung bequem unterbunden werden kann, interessiert den Wissenschaftler die mechanische Energie einer Reaktion nicht so stark wie die übrigen Energieformen. Daher wird die mechanische Arbeit auch stets im elektrischen Maßsystem angegeben. 10^7 Erg sind, wie uns aus der Physik bekannt ist, gleich 1 Joule und dieses im elektrischen Maß gleich 1 Wattsekunde.

Licht.

Eine weitere bei chemischen Prozessen auftretende Energieform ist das Licht. Beim Verbrennen von Magnesium in Sauerstoff ($2\,Mg + O_2 = 2\,MgO$) wird neben einer beträchtlichen Wärmemenge auch Lichtenergie frei; gelber Phosphor leuchtet im Dunkeln, wenn er mit Luft in Berührung kommt. Umgekehrt zerfällt Silberchlorid (AgCl), das im Dunkeln unbegrenzt lange haltbar ist, bei Belichtung in seine Bestandteile unter Aufnahme von Lichtenergie. Bei gewissen chemischen Reaktionen findet also eine Ausstrahlung bzw. ein Verbrauch von Licht statt. Die mit Lichtenergie einhergehenden Reaktionen nennt man photochemische Prozesse.

Als Grundlage der Photochemie sind folgende durch die Erfahrung sichergestellte Gesetzmäßigkeiten anzusehen:

1. Photochemisch wirksam sind nur solche Strahlen, die vom System absorbiert werden (Grotthus, 1820, Draper, 1845). Es ist dabei nicht erforderlich, daß die Lichtenergie von einer der reagierenden Komponenten aufgenommen wird, sondern bisweilen kann auch ein an der Reaktion nicht beteiligter „Sensibilisator" die Lichtabsorption vornehmen. (Durch Zusatz eines geeigneten Farbstoffs wird die photographische Platte, die an sich nur für kurzwelliges Licht empfindlich ist, auch für langwelliges, rotes, brauchbar.)

2. Nicht jede Lichtart, die absorbiert wird, braucht photochemisch zu wirken. Oft sind violette und ultraviolette Strahlen wirksam, während rote ohne photochemische Wirkung absorbiert werden. Die auf diese

Weise zugeführte Lichtenergie tritt dann als Wärme in Erscheinung.

3. Die durch photochemischen Einfluß umgesetzte Stoffmenge ist bei Vermeidung von Sekundäreffekten proportional dem Produkt aus der Intensität der photochemisch wirksamen Strahlung und der Bestrahlungsdauer (Bunsen, Roscoe, 1862). Dieses Gesetz stellt ein Analogon zu dem aus der Elektrochemie bekannten 1. Faraday-Gesetz (S. 180) dar.

Auf diesen Tatsachen fußend baut sich das Frequenzgesetz auf, das besagt: Ein System kann nicht beliebige Lichtmengen aufnehmen oder abgeben, sondern die Absorption bzw. Abgabe von Lichtenergie erfolgt portionsweise, quantenhaft. Ein Strahlungsquant ist $E = h \cdot v$ (E = Lichtenergie, h = Konstante [Plancksches Wirkungsquantum] $= 6{,}55 \cdot 10^{-27}$, v = Schwingungsfrequenz des absorbierten Lichts). Bei der Spektralanalyse (S. 42) haben wir mit diesem Gesetz bereits flüchtige Bekanntschaft gemacht.

Die erste Teilreaktion eines photochemischen Prozesses besteht in der Regel im Übergang einer Molekel aus dem normalen Zustand in den „angeregten", d. h. einen Zustand höheren Energieinhalts. Rufen wir uns nochmals das Atommodell ins Gedächtnis! Die Aufnahme des Lichts bewirkt, daß ein Elektron aus der äußersten Kugelschale entfernt und in einem weiteren Abstand vom Kern gehalten wird. Da die elektrostatische Anziehungskraft der Ladungen dem entgegenwirkt, stellt ein solcher Vorgang eine Arbeitsleistung dar. Eine Molekel mit versetztem Elektron heißt „angeregte" Molekel. Um ein Elektron aus seiner Kugelschale zu versetzen, ist also die Energiemenge $h \cdot v$ erforderlich. Da

1 Mol 6,023 · 10²³ Einzelmoleküle enthält (S. 51), kommen 6,023 · 10²³ Strahlungsquanten auf 1 Mol Substanz. Aus der Formel $E = h \cdot \nu$ ersieht man, daß die Größe des Strahlungsquants von der Frequenz des Lichts und nach der aus der Physik geläufigen Formel ν (Schwingungsfrequenz) $= c$ (Lichtgeschwindigkeit)$/\lambda$ (Wellenlänge), folglich von der Wellenlänge des Lichts abhängig ist. Für verschiedene Lichtarten ergeben sich als Energiewert pro Mol in Kalorien umgerechnet folgende Zahlen:

Farbe des Lichts:	Wellenlänge:	Energiewert:
infrarot	> 8000 Å	$< 35,5$ Cal
gelb	5700	50
ultraviolett	< 4000	> 70
Schumann-Gebiet	< 5100	> 190

Diese Tabelle zeigt, daß die violetten und ultravioletten Strahlen weit höhere Energiewerte in sich bergen als die roten. Wenn ein photochemischer Umsatz weniger als 70 Cal pro Mol. beansprucht, sind also die Quanten des visiblen Lichts ausreichend. Um Umsätze mit höherem Energiebedarf zu erzielen, muß auf kurzwelligere elektromagnetische Schwingungen zurückgegriffen werden, so auf das Schumann-Ultraviolett oder gar auf Röntgenstrahlen und γ-Strahlen. Während Lichtstrahlen die äußeren Elektronen versetzen, greifen Röntgen- und γ-Strahlen infolge ihres hohen Energieinhalts sogar die Elektronen der inneren Kugelschalen an. Darauf beruht ja, wie wir schon im ersten Hauptteil (S. 42) erfahren haben, die Röntgenspektroskopie. Reicht der Energieinhalt eines Quants nicht aus, um ein Elektron zu versetzen, so wird er in irgendeiner

Form wieder abgegeben, etwa als Wärme oder Licht (Fluoreszenz).

Als sekundäre Reaktion eines photochemischen Prozesses schließt sich an die erfolgte „Anregung" unmittelbar ein Umsatz der angeregten Molekel an. Dieser kann jedoch nur vonstatten gehen, wenn die angeregte Molekel Gelegenheit hat, innerhalb einer kurzen Zeitspanne mit einem Molekül, das mit dem energiereichen Teilchen reagieren kann, zusammenzustoßen. Die Möglichkeit zu solchen Zusammenstößen ist begreiflicherweise proportional der Konzentration derartiger Moleküle. Das angeregte Atom oder Molekül vermag seinen Überschuß an Energie nur eine bestimmte Zeitspanne (etwa 10^{-8} Sek.) aufzuspeichern. Erfolgt in dieser kein Zusammenstoß, so muß es seinen Energieüberschuß wieder abgeben (z. B. in Form von Wärme), ohne daß ein photochemischer Umsatz zustande gekommen wäre.

Wird durch Absorption eines Lichtquants ein chemischer Umsatz erreicht, so muß die Zahl der reagierenden Molekel gleich der Zahl der angeregten Molekel sein. Im Idealfall ist also die „Quantenausbeute":

$$\frac{\text{Anzahl regierender Molekel}}{\text{Anzahl Lichtquanten}} = 1.$$

Dieser Ausdruck reiht sich formal an das in der Elektrochemie gültige Faraday-Gesetz an. Die Beziehung zwischen der Anzahl reagierender Molekel und der Anzahl Lichtquanten ergibt den Wert 1 nur dann, wenn die absorbierte Lichtenergie nicht als Fluoreszenz teilweise emittiert wird oder durch immer weitergehende Verteilung der Zusammenstöße über die gesamte Substanzmenge „zerfließt". Anderseits kommt auch eine erheb-

liche Überschreitung des Wertes 1 vor. Bei der photochemischen Spaltung von Bromwasserstoff (HBr) fand
man z. B. den Wert 2. Dies läßt sich folgendermaßen
erklären: Als primäre Reaktion zerfällt eine Molekel
HBr in H + Br. Das H-Atom vermag ein weiteres HBr-
Molekül anzugreifen nach Schema: HBr + H = H_2 + Br,
und die Br-Atome der ersten und zweiten Teilreaktion
rekombinieren zu Br_2. Ein absorbiertes Lichtquant hat
also zwei Molekeln HBr zerlegt, daher die Quantenausbeute 2.

Versuchen wir, die bisher bekannten photochemischen
Reaktionen einzuteilen, so ergeben sich zwei Typen, die
allerdings nicht prinzipiell verschiedenartig sind:

1. Vorgänge, bei denen das Licht katalytisch wirkt,
die also ohne Lichteinfluß in der gleichen Richtung verlaufen würden. Ähnlich wie bei der Katalyse (S. 144)
wirkt hier das Licht nur beschleunigend oder verzögernd.
Die benötigten Lichtquanten stehen in keinem konstanten
Verhältnis zur umgesetzten Substanzmenge. Die durch
Licht in Gang gesetzte Reaktion schreitet als Kettenreaktion (S. 155) weiter. Als Beispiel eines solchen Prozesses sei die Vereinigung von Chlor und Wasserstoff
zu Chlorwasserstoff (Cl_2 + H_2 = 2 HCl) unter Einfluß
des Lichtes erwähnt. Wie wir bei katalytisch beeinfluß-
baren Reaktionen richtungsweisende Katalysatoren kennengelernt haben, üben bisweilen auch Lichtstrahlen
einen spezifischen Einfluß aus. So z. B. wird die Oxydation von Pyrogallol durch violette Strahlen verzögert,
während rote eine Beschleunigung hervorrufen (Trautz,
1906).

2. Vorgänge, die unter Lichteinwirkung in entgegengesetzter Richtung verlaufen wie im Dunkeln. Eine

Parallele hierzu finden wir in der Elektrolyse (S. 185).
Bei diesen Prozessen ist die in das System hineingesteckte
Lichtenergie proportional und äquivalent der umgesetzten Substanzmenge. Als Beispiel für derartige Reaktionen sei die Reduktion des Kohlendioxyds in der
Pflanze ($CO_2 + H_2O = CH_2O + O_2$) erwähnt, die bekanntlich nur bei Lichtbestrahlung in diesem Sinne verläuft.

Überblickt man die photochemischen Reaktionen vom
rein stofflichen Gesichtspunkt, so muß man feststellen,
daß das Licht Synthesen, Photolysen (Spaltungen), Polymerisationen, Oxydationen und Reduktionen vollbringen
kann. Den weitaus größten Raum nehmen die beiden
letzteren Reaktionsvorgänge ein.

Führt die Absorption von Lichtquanten nicht zu
einem chemischen Umsatz, so wird die Energiemenge,
wie bereits angedeutet, wieder frei. Gibt die angeregte
Molekel das absorbierte Licht als Strahlung ab, so bezeichnet man die Erscheinung als Fluoreszenz. Der
Vorgang spielt sich innerhalb von 10^{-8} Sek. ab, also
praktisch momentan. Das emittierte Licht besitzt, falls
es sofort restlos abgegeben wird, die gleiche Wellenlänge
wie das eingestrahlte (Resonanzstrahlung) oder aber es
ist langwelliger, wenn die angeregte Molekel stufenweise
zum Normalzustand zurückkehrt. Es gibt auch Fälle,
bei denen die Fluoreszenz langsam verklingt. Man spricht
dann von Phosphoreszenz.

Wie wir in der Elektrochemie in galvanischen Elementen und in der Elektrolyse zwei entgegengesetzt gerichtete Vorgänge kennenlernten, gibt es auch zur photochemischen Reaktion ein Gegenstück, die Chemilumineszenz. Darunter versteht man Reaktionen, die mit

Aussendung von Lichtstrahlen verbunden sind. Nicht gemeint sind hiermit Reaktionen, die infolge hoher Energieabgabe Temperaturen über 525° C erzeugen und dadurch zwangläufig Licht emittieren (Temperaturstrahlung), sondern solche, bei denen eine Lichtstrahlung bereits bei Zimmertemperatur vonstatten geht. Ein typisches Beispiel ist die Oxydation des gelben Phosphors ($4 P + 3 O_2 = 2 P_2O_3$) an der Luft. Die Umwandlung chemischer Energie in Licht wird auch durch Lebewesen (Bakterien, Glühwürmchen) bewerkstelligt.

Um aus der Laboratoriumsarbeit des Photochemikers etwas über die Methodik der Forschung zu zeigen, besprechen wir eine Arbeit neueren Datums. Auch die Forschungsmethoden der Photochemie sind infolge der Vielseitigkeit der Problemstellung so umfangreich, daß eine eingehende Darstellung nicht in Frage kommen kann. Wir wollen daher ein beliebiges Problem aus der Praxis herausgreifen. Man wollte 1931 die Quantenausbeute bei der photochemischen Zersetzung des Silberchlorids ($2 AgCl = 2 Ag + Cl_2$) bestimmen. In Anbetreff der wichtigen Rolle, die Silbersalze in der Photographie spielen, war es wissenswert, diese Konstante genau zu erfahren, weil man daraus Schlüsse auf den Reaktionsmechanismus (Kettenreaktion, äquivalenter Umsatz?) ziehen kann. Es kam bei der Bestimmung der Quantenausbeute also darauf an, eine gemessene Menge Licht bestimmter Wellenlänge auf Silberchlorid unter Vermeidung von Strahlungsverlusten einzustrahlen und die dabei zerfallenden AgCl-Mengen zu messen. Die Apparatur, die man hierzu entwickelte, war folgende (Abb. 41): Ein Becherglas B, das eine kegelförmige Einbuchtung O besitzt, diente als Reaktionsgefäß. In diesem

befand sich in wäßriger Aufschwemmung das Silberchlorid. (AgCl ist in Wasser praktisch unlöslich.) Ein
Rührer sorgte für eine gleichmäßige Verteilung des Silberchlorids in der Flüssigkeit. Die kegelförmige Einbuchtung O hat den Zweck, Lichtverluste durch Reflektion
zu vermeiden. Als Lichtquelle wurde eine Quecksilber-
Quarzlampe Q benutzt, die in einem lichtdichten Kasten

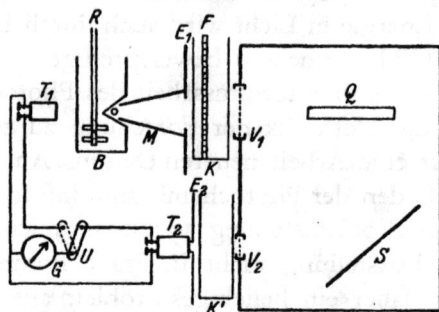

Abb. 41. Versuchsanordnung zur Messung
der Quantenausbeute beim Silberchlorid.

aufgestellt war. Die Lichtstrahlen passierten eine verschließbare Öffnung V_1, dann ein Lichtfilter K, in welchem alle Wellenlängen entfernt werden bis auf die zur
Messung gewünschte Wellenlänge 365 $m\mu$. Anschließend
gehen die Lichtstrahlen durch eine Blende E_1, um dann
durch den Lichttrichter M in das Reaktionsgefäß B ein-
gestrahlt zu werden. Um die Lichtmenge genau messen
zu können, wird vor oder nach dem Versuch an Stelle
des Reaktionsgefäßes B vor den Lichttrichter M eine
Thermosäule T_1 geschaltet. Diese verwandelt die eingestrahlte Energie in elektrischen Strom und zeigt den Wert
am Galvanometer G an. Nun ist noch notwendig, die

eingestrahlte Lichtmenge auch während der Messung verfolgen zu können. Hierzu traf man eine sinnreiche Einrichtung. Man projizierte durch den Spiegel S Licht von der Lampe Q durch die verschließbare Öffnung V_2, ein Lichtfilter K_1 und die Blende E_2 auf eine zweite Thermosäule, die während des Versuchs in Tätigkeit blieb und die Konstanz der Lichtmenge zu kontrollieren gestattete.

Um nach der Belichtung die Menge zerfallenen Silberchlorids erfassen zu können, waren abermals Schwierigkeiten durch einen Kniff zu überwinden. Die Totalanalyse des Gemisches wäre entschieden zu umständlich und ungenau gewesen. Der Forscher half sich damit, daß er die sog. potentiometrische Titration zu Hilfe nahm[3]). Er setzte der Silberchloridaufschwemmung etwas Natriumnitrit ($NaNO_2$) zu. Wenn nun AgCl während der Belichtung nach der Gleichung $2\,AgCl = 2\,Ag + Cl_2$ zerfällt, so reagiert das entstehende Chlor mit dem Nitrit quantitativ nach Gleichung $Cl_2 + NaNO_2 + H_2O = 2\,HCl + NaNO_3$. Aus dem Chlor entsteht also Chlorwasserstoff, und dieser läßt sich durch Titration leicht bestimmen und ist somit ein genaues Maß für die Menge zerfallenen Silberchlorids. Es versteht sich von selbst, daß vor der Messung durch „Blindversuche" sämtliche Einzelheiten der Methode auf ihre Brauchbarkeit und Zuverlässigkeit geprüft wurden. Wegen der Lichtempfindlichkeit des Silberchlorids war es notwendig, sämtliche Messungen im Dunkeln durchzuführen.

Das Ergebnis einer Reihe von Messungen ist in dem Schaubild 42 zusammengestellt. Die Kurve, deren Koordinaten die Zahl der titrierten Chlorionen und die Anzahl der absorbierten Lichtquanten sind, zeigt, daß die Anzahl Chlorionen und Lichtquanten stets gleich ist, die Quantenausbeute demnach den Wert 1 besitzt. Damit ist erwiesen, daß die photochemische Zersetzung des Silberchlorids keine Kettenreaktion ist, daß anderseits auch kein Energieverlust („Zerfließen" der Energie) ein-

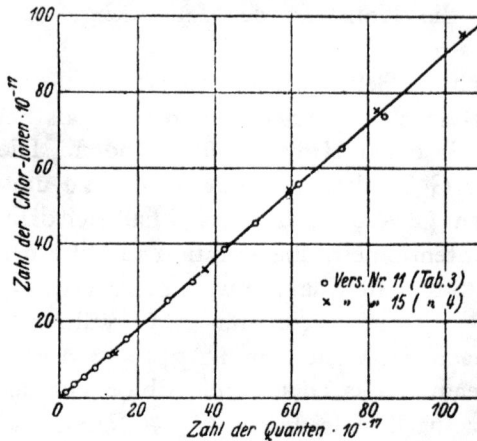

Abb. 42. Quantenausbeute bei der photochemischen Zersetzung des Silberchlorids.

tritt, sondern daß der Vorgang dem photochemischen Äquivalenzgesetz (S. 200) streng gehorcht.

Dieses Beispiel führte uns nur eine einfache, sehr übersichtliche Messung und deren Ergebnis vor Augen. Die meisten photochemischen Reaktionen sind jedoch viel komplizierter und in ihrer Deutung schwieriger. Man betreibt zur Zeit die photochemische Forschung mit viel Eifer, weil man von ihr noch wichtige Aufschlüsse über die Fragen des Atom- und Molekülbaus und ferner über das Wesen der „chemischen Energie" erwartet.

Chemische Energie.

Die vorausgehenden Betrachtungen haben gezeigt, daß im Zusammenhang mit chemischen Prozessen verschiedene Formen der Energie — Wärme, Elektrizität, mechanische Arbeit, Licht — auftreten oder verschwinden. Nach dem Gesetz von der Erhaltung der Energie muß aber bei Entwicklung oder Verbrauch von Energie in Form von Wärme, Elektrizität, Licht usw. eine andere Energieform vermindert oder vermehrt werden. Diese mit chemischen Reaktionen verknüpfte Energieform ist die chemische Energie, auch innere Energie genannt. Deren Größe ist es, die uns verständlich macht, warum Wasserstoff mit Sauerstoff explosionsartig reagieren, während Quecksilber hoch erhitzt werden muß, bevor es mit Sauerstoff in Reaktion tritt und ihn bei weiterem Erhitzen bereits wieder freiwillig abgibt. Gestützt auf diese Erfahrung ist man geneigt, als Maß für die innere Energie einer Reaktion die Wärmetönung anzunehmen (Prinzip von Berthelot). Es liegt auch nahe, eine gewisse chemische Neigung der Elemente zur Bildung von Verbindungen zu vermuten (Affinität) und die Reaktionsgeschwindigkeit als Maß für diese heranzuziehen. Sagt man doch allgemein, daß die Affinität zweier Stoffe zueinander groß sei, wenn sie heftig miteinander reagieren. Erinnern wir uns an das Gesagte über chemische Gleichgewichte (Hauptteil III), so leuchtet uns ein, daß die Wärmetönung einer Reaktion durchaus nicht immer das richtige Maß für die Affinität sein kann; besonders die Tatsache, daß im Gleichgewicht die freiwillig verlaufende Gegenreaktion Wärme bindet, verträgt sich nicht mit dem Berthelotschen Prinzip. Auch die Reaktions-

geschwindigkeit, die ja von verschiedenen Faktoren abhängig ist, kann unmöglich mit der Affinität in unmittel-
bare Beziehung gebracht werden. Wir sehen jedenfalls,
daß man mit dem Begriff „Affinität" vorsichtig umgehen
muß, und wollen das exakte Maß für die chemische
Energie einer Reaktion kennenlernen.

Wie die elektrische Energie das Produkt zweier Faktoren (Spannung, Strommenge) ist, besteht auch die
chemische aus zwei Komponenten. Wir rufen ins Gedächtnis zurück, daß bei der Elektrizität die umgesetzte
Stoffmenge lediglich der Strommenge proportional ist.
Die EMK anderseits entscheidet, ob eine Reaktion vor
sich geht oder nicht, denn erst dann, wenn der durch die
EMK gegebene Spannungswert erreicht ist, kann der Reaktionsvorgang geschehen. Bei der chemischen Energie
ist der Kapazitätsfaktor ebenfalls der Stoffmenge proportional. Der chemische Intensitätsfaktor, der bei der
Elektrizität der EMK entspricht, ist ein von Stoff zu
Stoff veränderter Wert. Rein qualitativ stellt man dieses
chemische Potential fest, wenn man z. B. probiert, welches Element ein anderes aus seinen Verbindungen verdrängt: Fluor verdrängt Chlor, Brom und Jod; Chlor
macht Brom und Jod, aber nicht Fluor frei; Brom verdrängt Jod, nicht aber Fluor und Chlor; Jod vermag
keines dieser Elemente aus ihren Verbindungen frei
zu machen. Daraus ergibt sich die Reihenfolge Fluor,
Chlor, Brom, Jod.

Da der Kapazitätsfaktor der chemischen Energie
ebenso wie der der elektrischen (Faraday-Gesetz) der
umgesetzten Anzahl der Äquivalente proportional ist,
folgt daraus, daß für ein und dieselbe Umwandlung eines
Stoffes auf chemischem und elektrischem Weg das

chemische Potential dem elektrischen proportional sein muß. Somit bilden die elektrischen Potentialdifferenzen ein Maß für die Affinität. Wir bringen in ihnen den energetischen Inhalt einer Reaktion zum Ausdruck. Nun haben wir in dem Abschnitt über elektrische Arbeit erfahren, daß die EMK ein Maß für die Arbeit darstellt, die eine Reaktion maximal zu leisten vermag. Somit gelangen wir dahin, als Maß für die Affinität die maximale Arbeit hinzustellen (Prinzip von van't Hoff). Eine Reaktion kann maximale Arbeit leisten beim Übergang vom Ausgangszustand zum Gleichgewichtszustand. Bei vielen Reaktionen ist, wie gesagt, die maximale Arbeit direkt meßbar durch Bestimmung der EMK.

Mit dieser Erkenntnis sind wir dem Begriff der chemischen Energie schon sehr nahe gekommen. Die von van't Hoff ersonnene Definition der chemischen Energie ist aber noch nicht die allgemein befriedigende Formulierung. Das Gleichgewicht hängt ja, wie wir schon öfter erwähnt haben, von vielen Faktoren ab (Temperatur, Druck, Zusammensetzung des Ausgangsgemisches), und man würde je nach den Versuchsbedingungen stark abweichende Werte für die Affinität erhalten. Um ein ganzes Temperaturintervall zu erfassen, wären mehrere Messungen erforderlich. Was indessen fehlt, ist eine einzige Zahl für eine bestimmte Reaktion, durch die deren Affinität gekennzeichnet wird.

Nernst und Planck haben den Weg zu dieser Zahl gezeigt. Die beiden Forscher hatten erkannt, daß die Hauptschwierigkeiten zur Festlegung eines universell gültigen Begriffs von der Affinität in der Tatsache liegen, daß die meisten Reaktionen bei höheren Temperaturen einem Gleichgewichtszustand zustreben, also nicht ganz

„durchreagieren". Ein vollständiger Umsatz ist nur bei tiefen Temperaturen zu erwarten. Theoretisch vollständig ist jeder Umsatz nur beim absoluten Nullpunkt. Bei exothermen Reaktionen würde bei dieser Temperatur restlos Bildung, bei endothermen restlos Zerfall eintreten. Bezieht man demnach die Messungen auf den absoluten Nullpunkt, so schaltet man dadurch die durch die Temperatur bedingten Einflüsse aus und erreicht, daß die Wärmetönung der Reaktion gleich der maximalen Arbeit ist. Das Berthelotsche Prinzip gilt beim absoluten Nullpunkt genau, während es bei mittleren Temperaturen nur annähernd gilt und bei hohen Temperaturen völlig unzutreffend ist.

Durch Bezug auf die absolute Temperatur hat man noch einen zweiten Vorteil erlangt: Man kann nun die Wärmetönung einer Reaktion, die ja verhältnismäßig leicht zu messen oder zu errechnen ist, zur Bestimmung der Affinität heranziehen. Als endgültige Definition der chemischen Energie resultiert somit die Wärmetönung beim absoluten Nullpunkt. Die experimentelle Bestimmung der Reaktionswärme bei dieser Temperatur ist allerdings nicht möglich. Einmal deswegen nicht, weil man den absoluten Nullpunkt noch nicht ganz erreicht hat, und zum zweiten, weil bei dieser enorm tiefen Temperatur ($-273,2^0$ C) die Reaktionsgeschwindigkeit aller Reaktionen so sehr klein wird, daß eine Messung der Wärmetönung illusorisch ist. Eine Umrechnung der bei mittleren Temperaturen (z. B. Zimmertemperatur) durch eine einzige Messung ermittelten Wärmetönungen auf den absoluten Nullpunkt bereitet jedoch keine grundsätzlichen Schwierigkeiten.

Anhang: Magnetische Energie.

Obwohl der Magnetismus als Energieform im letzten Hauptteil besprochen werden müßte, ist es gerechtfertigt, die Magnetochemie gesondert zu behandeln, weil sich die magnetochemischen Auswirkungen nicht auf die chemische Reaktion, sondern auf die Elemente und den Atombau beziehen. Die Magnetochemie ist ein noch sehr junger Zweig der chemischen Forschung; sie bietet ein überaus breites Feld wissenschaftlicher Betätigung und wird zum mindesten in theoretischer Beziehung eine ähnliche Bedeutung erlangen wie die Elektrochemie. Bei der Wertigkeit der Elemente haben wir bereits Bekanntschaft mit einer magnetochemischen Anwendungsmöglichkeit gemacht (S. 95) und wollen uns nun eingehender damit beschäftigen.

Faraday hat als erster gefunden, daß alle Stoffe hinsichtlich ihres Verhaltens im inhomogenen magnetischen Kraftfeld in zwei Gruppen teilbar sind. Einige werden aus dem Feld herausgestoßen und führen die Bezeichnung „diamagnetisch", andere lassen sich in das Feld hineinziehen und werden als „paramagnetisch" gekennzeichnet. Besonders stark paramagnetisch erscheinende Stoffe (Eisen, Magnetit), bei denen die Suszeptibilität etwa 10000 bis 100000mal größer als gewöhnlich ist, belegt man mit dem Ausdruck „ferromagnetisch".

Zur zahlenmäßigen Angabe der magnetischen Eigenschaften sind zwei Begriffe geläufig: die Permeabilität

14*

und die Suszeptibilität. Befindet sich ein para- bzw.
ferromagnetischer Stoff in einem magnetischen Kraftfeld,
so werden die Kraftlinien in ihm konzentriert, die Feldstärke B innerhalb des Körpers ist dann größer als die
Feldstärke H, die sonst unter gleichen Voraussetzungen
an dieser Stelle im Vakuum auftreten würde. Diamagnetische Stoffe weisen die Kraftlinien ab, verdünnen
also gewissermaßen das Kraftfeld. B wird dann kleiner
als H. B und H stehen miteinander in folgender Beziehung: $B = H + 4 \pi I$, wobei mit I die spezifische
Magnetisierung pro Volumeneinheit gemeint ist. Der
Quotient $B/H = \mu$ führt die Bezeichnung Permeabilität.
Bei para- und ferromagnetischen Körpern ist $\mu > 1$, bei
diamagnetischen < 1. Der Quotient $I/H = \varkappa$ ist die
Suszeptibilität pro Volumeneinheit. Da bei chemischen
Stoffen der Gewichtsmenge eine größere Bedeutung zukommt als dem Volumen, interessiert auch die Suszeptibilität pro Gewichtseinheit. Diese ist $\chi = \varkappa/d$, wobei
d die Dichte des Stoffes bedeutet. $\varkappa$ und χ sind bei para-
und ferromagnetischen Stoffen > 0, bei diamagnetischen
< 0. Permeabilität und Suszeptibilität sind, wie sich
aus den eben dargelegten Gleichungen leicht errechnen
läßt, durch folgende Beziehung verbunden: $\mu = 1 +$
$+ 4 \pi \cdot \varkappa$. Diese aus der Lehre vom Magnetismus re-
kapitulierten Grundbegriffe dürften zum Verständnis
der weiteren Ausführungen genügen.

Für die chemische Forschung sind die seit langem
bekannten magnetischen Eigenschaften der Materie unfruchtbar geblieben, solange man das unterschiedliche
Verhalten der Stoffe nicht mit dem chemischen Aufbau
in Einklang zu bringen verstand. Erst als Rutherfort
und andere ihre Atomtheorie entwickelten und die darauf

aufbauende Quanten- und Wellenmechanik mehr Licht in den Aufbau der Materie brachte, begann die Magnetochemie sich zu entfalten.

Bei der Besprechung der Elemente und der Wertigkeit haben wir bereits erfahren, daß die um den Atomkern kreisenden Elektronen wie Elementarmagnete wirken. Die Bahnbewegung eines jeden Elektrons erzeugt ein bestimmtes magnetisches Moment. Dessen Größe ist durch die Quantenzahlen der Kugelschalen gegeben und läßt sich auf Grund der Atomtheorie berechnen. Das magnetische Bahnmoment ist eine konstante Einheit (Magneton). Es kommt also nur in einfachen und ganzzahligen Vielfachen vor. Ein zweites magnetisches Moment kommt dadurch zustande, daß die Elektronen außer ihrem Umlauf um den Kern sich auch noch um sich selbst drehen. Diese Kreiselbewegung der Elektronen heißt Spin. Auch seine Größe ist für jedes Elektron errechenbar. Wie wir nun schon S. 95 hörten, ist das nach außen wirkende Moment keineswegs gleich der Summe der Bahn- und Spinmomente, sondern die Einzelmomente richten sich gegeneinander aus und kompensieren sich dabei, so daß nach außen hin oft kein Magnetismus wahrnehmbar ist. Nur wenn in den Kugelschalen Plätze frei bleiben, kann ein magnetisches Eigenmoment der Atome bzw. Ionen entstehen, das dann nach außen hin als Paramagnetismus erkenntlich ist. Nicht nur die Bahn-, sondern auch die Spinmomente heben sich gegenseitig auf. Eine restlose Kompensation ist natürlich nicht möglich, wenn die Atome, Ionen oder Moleküle eine ungerade Elektronenzahl besitzen. (NO, NO_2, ClO_2 erweisen sich z. B. paramagnetisch, weil sie Verbindungen mit ungerader Elektronenzahl sind.) Wie ist nun das verschiedenartige Verhal-

ten der Stoffe im Magnetfeld auf Grund der Anschau-
ungen vom Atombau zu erklären? Bringt man einen
mit nicht kompensierten Bahn- und Spinmomenten be-
hafteten Stoff in ein Magnetfeld, so ist das Eigenmoment
bestrebt, sich in dem angelegten Magnetfeld auszurich-
ten. Damit verstärkt es die Kraftliniendichte im Körper
und erzeugt Para- bzw. Ferromagnetismus. Wenn nicht
die Wärmebewegung der Atome und Ionen die Aus-
richtung beeinträchtigen würde, wäre die Einstellung des
Eigenmoments in Richtung der angelegten Kraftlinien
vollkommen. Mit steigender Temperatur nimmt nun bekanntlich die Wärmebewegung zu und damit die Orien-
tierungsmöglichkeit der Einzelmomente ab. Daraus ist
ersichtlich, daß der Paramagnetismus von der Temperatur abhängig ist. Diese Abhängigkeit der Suszeptibilität
von der Temperatur gibt ein Gesetz wieder, das aussagt:
Die Suszeptibilität ist umgekehrt proportional der absoluten Temperatur. $\chi = K$ (Konstante)$/T$ (Temperatur
absolut). Um zahlenmäßig genau zu rechnen, ist noch ein
Korrekturfaktor nötig, da das Gesetz nicht hinreichend
genau gilt. Das korrigierte Gesetz besitzt die Formel
$\chi = K/(T-\Theta)$ und dient in der Praxis zur Berechnung
magnetischer Momente.

Der Diamagnetismus erfährt im Atombau eine andere
Deutung: Die Atome — ganz gleich, ob sie Bahn- oder
Spinmomente besitzen oder nicht — sind gegenüber dem
angelegten äußeren Kraftfeld keineswegs vollkommen
indifferent. Ähnlich wie wir bei der Raumchemie (S. 124)
eine Deformation bzw. Durchdringung der Elektronenhülle unter der Einwirkung der Bindungskräfte feststellen mußten, findet auch bei Anlegung eines magnetischen Kraftfeldes eine Verzerrung der Elektronenhülle

statt. Dadurch werden in der Substanz schwache Magnet-
felder durch Induktion hervorgerufen, die dem äußeren
Kraftfeld entgegenwirken und es schwächen. Nach
außen wirkt also ein deformiertes Atom diamagnetisch.
Der Diamagnetismus ist eine mit jedem Elektron verbundene Eigenschaft der Materie. Jeder Stoff ist also
von Hause aus diamagnetisch. Nur wenn sein Diamagnetismus durch den von Bahn- und Spinmomenten
hervorgerufenen Para- oder Ferromagnetismus merklich
überdeckt wird, erscheint er nach außen hin als para-
oder ferromagnetisch. Das diamagnetische Moment läßt
sich ebenfalls berechnen. Es ist von der Temperatur unabhängig, im Gegensatz zum Paramagnetismus.

Der Ferromagnetismus ist, wie bereits erwähnt, ein
Spezialfall von Paramagnetismus. Bei festen Körpern
ist die Wechselwirkung zwischen den Gitternachbarn
von Bedeutung, die sich auf Bahn- und Spinmomente
erstrecken kann. Tritt nun der Fall ein, daß sich zwischen
den Gitternachbarn Atombindungen einstellen, bei denen
die Spine der Gitternachbarn parallel laufen und sich
diese Anordnung räumlich über das ganze Gitter er-
streckt, so ist die Feldverstärkung eine auffallend hohe.
So erklärt man sich den Ferromagnetismus. Er kommt,
was mit dieser Theorie gut im Einklang steht, nur im
Gitterverband vor, niemals bei Einzelmolekülen.

Wie die magnetochemische Messung ausgewertet
wird, wollen wir an einigen Beispielen aus der Literatur
ersehen. Eine Anwendung, die Bestimmung der Wertigkeit, haben wir bereits besprochen. Es gibt aber noch
einfachere Fälle. Beim Schwefeleisen (FeS) stellten mehrere
Forscher fest, daß bei 130 und 300⁰ Umwandlungen auftreten. Haraldsen hat nun den Magnetismus in Ab-

hängigkeit von der Temperatur gemessen und erhielt eine eigenartige Kurve (s. Abb. 43), die einen Schluß zuläßt. Man sieht, daß der Magnetismus bei 130° sprunghaft eine Änderung erfährt, die mit Sicherheit auf einen

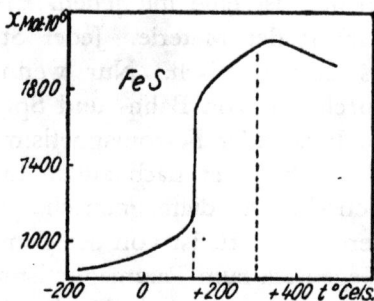

Abb. 43. Änderung des Magnetismus in Abhängigkeit von der Temperatur bei Schwefeleisen (FeS).

Modifikationswechsel hindeutet. Ob auch bei 300° eine Umwandlung eintritt, läßt sich aus der Kurve nicht mit der gleichen Sicherheit ableiten. Immerhin spricht die Richtungsänderung der Kurve beim t-Wert 300° dafür. Zur eindeutigen Klärung müßte in diesem Falle noch eine andere unabhängige Methode (z. B. Debye-Aufnahme) hinzugezogen werden. Aus der Kurve kann man übrigens ersehen, in welcher Größenordnung der Paramagnetismus auftritt und wie groß die zu messenden Intervalle sind. Das Beispiel zeigt eine magnetochemische Auswertung, bei der keinerlei theoretische Voraussetzungen erforderlich waren.

Ein weiteres Beispiel soll folgen, an dem die Lösung chemischer Fragen dadurch geklärt wird, daß man Atom- und Ionenmomente berechnet und auf Grund der praktischen Messung die Entscheidung trifft. Schwarz und

Mitarbeiter hatten die höheren Chrom-Sauerstoff-Verbindungen näher untersucht. Hierbei blieb jedoch die Struktur der Verbindungen ungeklärt. Es wären für die Perchromate die in der Tabelle wiedergegebenen Formulierungen möglich gewesen, bei denen also das Chrom entweder 6- oder 5 wertig ist.

Zahlentafel 6. Suszeptibilität der Perchromate.

	Chemisch mögliche Formeln	Suszeptibilität · 10^6	
		erwartet	gefunden
Blaue Perchromate	$\begin{bmatrix} O_2 & & O_2 \\ OCr^{VI}O_2 & & Cr^{VI}O \\ O_2 & & O_2 \end{bmatrix}^{2-}$	$\sim +200$	$+170$ bis $+330$
	$\begin{bmatrix} O_2 & Cr^V & O_2 \\ O_2 & & \end{bmatrix}^{1-}$	$+20^0: +1260$ $-183^0: +4110$	—
Rote Perchromate	$\begin{bmatrix} O_2 & & O^2 \\ O_2Cr^{VI}O_2 & O & O_2Cr^{VI}O_2 \\ O_2 & & O_2 \end{bmatrix}^{6-}$	$\sim +200$	—
	$\begin{bmatrix} O_2 & Cr^V & O_2 \\ O_2 & & O_2 \end{bmatrix}^{3-}$	$+20^0: +1260$ $-183^0: +4110$	$+1380$ $+4240$

Klemm und Mitarbeiter haben nun die Suszeptibilität dieser Verbindungen für die möglichen Formulierungen berechnet und die Messung praktisch durchgeführt. Durch Vergleich der gemessenen mit den berechneten Werten (s. Tabelle) ließ sich die Entscheidung sicher treffen und die Konstitution dieser Verbindungen restlos aufklären. Die blauen Perchromaten besitzen demnach sechswertiges, die roten dagegen fünfwertiges Chrom.

Zum Schluß sei zur weiteren Vertiefung noch eine magnetochemische Messung ausführlicher besprochen.

Klemm und Döll hatten sich 1939 zum Ziel gesetzt, die Halogenide (Fluor-, Chlor-, Brom- und Jodverbindungen) des zweiwertigen Europiums (Element 63) magnetochemisch zu untersuchen. Ein Blick auf das Periodische System (S. 29) zeigt, daß das Europium zu den sog. „seltenen Erden" gehört, d. s. die Elemente 58 bis 71, die im System nicht eingereiht stehen, sondern gesondert aufgeführt werden. Die seltenen Erden passen zwar nach Ordnungszahl und Atomgewicht in das Periodische System hinein, aber in den senkrechten Gruppen, in denen bekanntlich die gemeinsamen Eigenschaften (z. B. Wertigkeit) zutage treten, ordnen sie sich nicht zwanglos unter. Vom Gesichtspunkt des Atombaus ist dies so zu erklären, daß zwischen den Elementen 58 bis 71 mit wachsender Ordnungszahl nicht die äußeren Kugelschalen mit Elektronen aufgefüllt werden, sondern die inneren. So kommt es, daß diese Elemente sich chemisch sehr ähneln und mit chemischen Methoden schwer zu bearbeiten und zu erforschen sind. Wie wir nun schon erfahren haben, setzt die Magnetochemie dort erfolgreich ein, wo die Elektronenhülle Veränderungen erleidet. Deshalb haben Klemm und Döll nach der magnetochemischen Methode gegriffen, um über Einzelheiten des Europiums Auskunft zu erhalten.

Zur Untersuchung haben die Autoren die Verbindungen EuF_2, $EuCl_2$, $EuBr_2$ und EuJ_2 dargestellt und analysiert, um sicher zu gehen, daß es sich um saubere und wohl definierte Präparate handelt, die zur Messung Verwendung finden sollen. Dann wurden die magnetochemischen Messungen bei $+20^0$ (292^0 abs.), -78^0 (195^0 abs.) und -183^0 (90^0 abs.) durchgeführt. Sie erhielten folgende Werte für die Suszeptibilität pro Gramm:

Zahlentafel 7. Magnetismus von
Europiumhologeniden.

T abs.	EuF$_2$	EuCl$_2$	EuBr$_2$	EuJ$_2$
292	+ 125	+ 119	+ 86	+ 64
195	+ 187	—	—	—
90	+ 400	+ 385	+ 281	+ 211

Daraus errechneten sie folgende effektive Momente
in Bohrschen Magnetonen:

292	7,46	7,92	7,90	7,85
195	7,47	—	—	—
90	7,42	7,90	7,97	7,88

Dreiwertiges Gadolinium (Element 64) besitzt ein
Moment von 7,94 Magnetonen. Dieser Wert steht in
befriedigendem Einklang mit den am zweiwertigen
Europium gemessenen Zahlen. Daraus ist zu schließen, daß
der Kosselsche Verschiebungssatz (S. 96) auch zwischen
Europium und Gadolinium streng gilt. Rückwirkend
läßt sich daraus folgern, daß die als zweiwertige Europium-
verbindungen angesehenen Präparate tatsächlich zweiwertiges Europium enthalten und nicht etwa ein Gemisch von drei- und einwertigem Europium darstellen.
Bei den Fluoriden stimmen die magnetischen Werte nicht
befriedigend mit den geforderten überein. Die Autoren
schließen daraus, daß das EuF$_2$-Präparat noch Spuren
EuF$_3$ von der Darstellung nach $2 EuF_3 + H_2 = 2 EuF_2
+ 2 HF$ her enthält.

Mit der Untersuchung ist somit die Zweiwertigkeit
des Europiums in seinen Halogenverbindungen eindeutig
nachgewiesen und gleichzeitig der Gültigkeitsbereich
des Kosselschen Verschiebungssatzes erweitert worden.

Die Anwendung magnetochemischer Messungen bietet ein sehr umfangreiches Arbeitsgebiet. Angefangen bei der rein qualitativen Verfolgung des magnetischen Verhaltens zum Nachweis von Modifikationswechseln über das etwas schwerere Problem der Konstitutionsaufklärung organischer Moleküle bis zu dem schwierigen Gebiet der Erforschung des metallischen Zustands und der halbmetallischen Stoffe findet man immer noch neue Fragen, zu deren Lösung die Magnetochemie beitragen kann. Nun darf man aber nicht glauben, daß die magnetochemische Messung eine Universalmethode zur Lösung chemischer Probleme sei. Nur solche Fragestellungen kommen in Betracht, die den Aufbau der Elektronenhülle und deren Veränderung betreffen.

Ausklang.

Wir haben einen Streifzug durch die chemische Forschungsarbeit unternommen und sind wieder beim Element und Atom angelangt, von dem unsere Betrachtungen ausgingen. Dabei haben wir nur die wichtigsten, rein chemischen Probleme berührt. Ganz übergangen wurden die vielen an verwandte Gebiete grenzenden Forschungsarbeiten. Man denke nur an die physiologische und medizinische Chemie, an die Belange der chemischen Industrie, an Kriegsprobleme (Sprengstoffe, Kampfstoffe), an die analytische Chemie, an gerichtschemische Fragen und unzählige andere Zweiggebiete chemischen Wissens. Eine Tatsache soll aber dem Leser zum Bewußtsein kommen, bevor er das Buch zur Seite legt, daß nämlich die Forschung keine Beschäftigung zum Zeitvertreib ist, sondern eine von hohem Weitblick getragene, oft mit vielen gesundheitlichen und materiellen Opfern durchgeführte Lebensaufgabe darstellt. Der Forscher ist ein Idealist, der keine persönlichen Vorteile anstrebt und sich ganz und gar der Wissenschaft widmet, um der Wissenschaft willen. Möge doch die Welt mehr Achtung haben vor den wackeren Menschen, die keine Mühe scheuen, um der Welt eine neue Erkenntnis zu vermitteln! Es darf uns nicht wundern, daß viele dieser Wissenschaftler infolge der scharfen Konzentration auf ein spezielles Problem ihre Umwelt vergessen und in der Öffentlichkeit den Eindruck eines „zerstreuten Professors" hinter lassen. In Wahrheit ist die „Zerstreuung" nur das Zeichen einer großen Fixiertheit.

Betrachten wir die Leistung des Forschers im Lichte des Gemeinwohls, so muß man feststellen, daß jede Forschungsarbeit auf lange Sicht gerechnet, der Gemeinschaft einen Nutzen bringt. Als Röntgen im Jahre 1895 eine neue Strahlungsart, nämlich die Röntgenstrahlen, entdeckt hatte (Röntgen schloß sich damals längere Zeit Tag und Nacht in sein Laboratorium ein, um sich ungestört der Arbeit widmen zu können!), dachte niemand daran, daß dieser ausgefallenen Feststellung mehr als eine rein wissenschaftliche Bedeutung zukommen könnte. Und heute, vier Jahrzehnte nach dieser Entdeckung, sind die Röntgenstrahlen in der Hand des Fachmanns bereits ein unentbehrliches Hilfsmittel, das schon viel Segen der Menschheit gespendet hat: Röntgenbestrahlung und Durchleuchtung in der Medizin, Prüfung auf Materialfehler in der Industrie, chemische Analyse und Nachweis neuer Elemente im Laboratorium, Feststellung von Fälschungen an Ölgemälden und vieles andere mehr. Gelehrte arbeiten überall daran, dem Menschen die Prozesse der Natur bekannt und nutzbar zu machen. Insbesondere bringt uns der Chemiker in ein übergeordnetes Verhältnis zur bloßen „Materie", zum „Stoff".

Und über dies hinaus ist die Forschung ein Maß für den Kulturstand eines Volkes. Primitive Völker kennen keine Forschung, die kulturell gehobenen begnügen sich mit der Zweckforschung, und nur einem kulturell hochstehenden bleibt es vorbehalten, freie bedingungslose Forschung auf weite Sicht betreiben zu können. Wollen wir hoffen, daß unseren deutschen Forschern stets die Möglichkeit geboten wird, ihren hohen Zielen nachzuge-

hen. Viel hat die Wissenschaft schon geleistet, aber unend-
lich mehr bleibt uns und späteren Generationen noch zu
ergründen übrig. „Die Chemie ist heute nicht mehr",
so schrieb Wöhler an Berzelius, „einem Urwald gleich,
voll der merkwürdigsten Dinge, ein ungeheures Dickicht
ohne Ausgang und Ende, in das man sich nicht hinein-
wagen mag, sondern zu einem riesigen Park mit wohl-
gepflegten Wegen geworden, immer noch voll unend-
licher Wunder, aber allen zugänglich." Das umfangreiche
Wissen um die Natur, das die Forscher im Laufe der Zeit
zusammengetragen haben, setzt uns in Erstaunen und
gebietet uns Achtung vor dem wissenschaftlichen For-
schergeist; nicht um uns an unserer Größe zu berauschen,
sondern um Mut und neue Kraft zu schöpfen für die
Zukunft.

Literaturhinweise.

Für diejenigen Leser, die sich über einzelne Kapitel dieses Buches eingehender unterrichten wollen, seien Werke angegeben, die ihnen der Verfasser zur Vertiefung des Stoffes empfehlen kann.

Die Grundlagen des chemischen Wissens und nähere Einzelheiten über die Elemente und Verbindungen finden sich ausführlich in:

Smith-d'Ans, Einführung in die allgemeine und anorganische Chemie, Karlsruhe.
Remy, Grundriß der anorganischen Chemie, Leipzig.
Hofmann, Lehrbuch der anorganischen Chemie, Braunschweig.
Ephraim, Anorganische Chemie, Dresden und Leipzig.
Ulich, Kurzes Lehrbuch der physikalischen Chemie, Dresden und Leipzig.
Eucken-Suhrmann, Physikalisch-chemische Praktikumsaufgaben, Leipzig.
Eucken, Lehrbuch der chemischen Physik, Leipzig.
Jellinek, Lehrbuch der physikalischen Chemie, Stuttgart.
Hollemann, Lehrbuch der organischen Chemie, Berlin.
Karrer, Lehrbuch der organischen Chemie.

Die neuen und neuesten Ergebnisse der chemischen Forschung erscheinen hauptsächlich in folgenden Zeitschriften:

Zeitschrift für anorganische und allgemeine Chemie, Verlag J. A. Barth, Leipzig.
Zeitschrift für angewandte Chemie, Verlag Chemie, Berlin.

Berichte der deutschen chemischen Gesellschaft, Verlag Chemie, Berlin.

Zeitschrift für Elektrochemie, Verlag Chemie, Berlin.

Zeitschrift für physikalische Chemie, Akadem. Verlagsgesellschaft, Leipzig.

Journal of the Chemical Society, London.

Journal of the American Chemical Society.

Naturwissenschaften, Verlag J. Springer, Berlin.

Annalen der Chemie, Verlag Chemie, Berlin.

Journal für praktische Chemie, Verlag J. A. Barth, Leipzig.

Bulletin de la société chimique de France, Paris.

Bulletin de la société chimique de Belgique, Gent.

Zusammenfassende Aufsätze über chemische Forschungsmethoden und deren Ergebnisse erscheinen von Zeit zu Zeit in den Zeitschriften:

Chemiker-Zeitung, Köthen (Anhalt), und
Zeitschrift für angewandte Chemie, Verlag Chemie, Berlin.

Eine gedrängte, alle neu erschienenen Arbeiten des In- und Auslandes umfassende Referierung bietet das Chemische Zentralblatt, Verlag Chemie, Berlin.

Nachschlagewerke über sämtliche bekannten Verbindungen sind:

Gmelin, Handbuch der anorganischen Chemie, Verlag Chemie, Berlin, und

Beilstein, Handbuch der organischen Chemie, Verlag J. Springer, Berlin.

Sämtliche gemessenen Konstanten sind zu finden in

Landolt-Börnstein, Physikalisch-chemische Tabellen, Verlag J. Springer, Berlin.

Will der Leser die in diesem Buche herangezogenen Beispiele der Forschungsarbeiten im Original nachlesen, so benützt er den Registerband des Chemischen Zentralblattes. Er will z. B. die zitierte Arbeit von Klemm und Döll über den Magnetismus der Europiumhalogenide (S. 218) nachschlagen. Dazu sucht er gemäß der Angabe „Klemm und Döll, 1939" im Autorenregister Jahrgang 1939 den Namen Klemm auf und findet dort Bd. II, S. 217, einen Hinweis auf die entsprechende Stelle im Chemischen Zentralblatt 1939, Bd. II, S. 2214. Schlägt er nun dieses nach, so findet er ein kurzes Referat der Arbeit vor und am Schluß die Originalliteraturstelle : Z. anorg. allg. Chem. 241 (1939) 233—238. Die Originalarbeit steht also in der Zeitschr. für anorganische und allgemeine Chemie Bd. 241, S. 233—238. Sucht man im Sachregister des Chemischen Zentralblattes unter den Schlagwörtern Europium(II)-fluorid, Europium(II)chlorid usw. nach, so gelangt man zu der gleichen Literaturstelle. Da man zum Nachschlagen der Originalliteratur ohne chemische Bücherei nicht auskommt und das Nachsuchen an Hand des Chemischen Zentralblattes so einfach ist, hat der Verfasser davon abgesehen, zu jeder erwähnten Arbeit die Literaturstelle in den Text einzufügen, und nur die Autoren zitiert.

Chemische Fachausdrücke.

Alphabetische Zusammenstellung von Definitionen der in diesem Buch vorkommenden Fachausdrücke.

Abbau (Zersetzung): Die Spaltung einer chemischen Verbindung in einfachere Bestandteile (Molekülgruppen oder Elemente).

Äquivalentgewicht: Die Menge eines Stoffes (Element oder Verbindung), die 1 g Wasserstoff ersetzt oder sich damit umsetzt. Das Äquivalentgewicht ist gleich Atomgewicht dividiert durch Wertigkeit (für Elemente) bzw. Molekulargewicht dividiert durch Wertigkeit (für Verbindungen).

Äther: Wassermolekül, bei dem beide H-Atome durch organische Molekülgruppen ersetzt sind.

Alkohol: Wassermolekül, bei dem 1 H-Atom durch eine organische Molekülgruppe ersetzt ist.

Allgegenwartskonzentration: Die Minimalkonzentration, in der jedes Element in beliebigen Mineralien vertreten ist.

Allotrope Modifikationen: Die verschiedenen Formen, in denen Elemente und Verbindungen im festen Aggregatzustand vorkommen können (z. B. tetragonales und graues Zinn).

Ampere: Einheit für die Stromstärke. Die Stromstärke, die in einer Sekunde 1,118 mg Silber aus einer Silbersalzlösung abscheidet. 1 Amp. = 1 Coulomb pro Sekunde.

Amperestunde: Einheit für die Strommenge. 1 Amp. · 1 Stunde = 3600 Coulomb.

Anode: Der positive Pol eines galvanischen Elements oder einer Elektrolysenzelle.

α-Strahlen: Zweifach positiv geladene Heliumatome.

15*

Anhydrid: Chemische Verbindung, die aus einer anderen durch Abspaltung von Wasser entsteht.

Anorganische Chemie: Die Chemie sämtlicher Elemente mit Ausnahme der Kohlenstoff-Wasserstoff-Verbindungen; die Chemie der toten Materie.

Assoziation: Die Zusammenlagerung von Spaltprodukten zu einer Verbindung (bei Gleichgewichtsreaktionen in der Gasphase oder in Lösungen).

Atom: Der denkbar kleinste Masseteil eines Elements. Ein Atom besteht aus Positronen, Neutronen und Elektronen.

Atomgewicht: Verhältniszahl, die angibt, wievielmal schwerer ein Atom eines Elements ist als ein Atom Wasserstoff.

Atomkern: Der Teil des Atoms, in dem die Masse konzentriert ist. Der Kern besteht aus Positronen und Neutronen.

Base (Lauge, Hydroxyd): Chemische Verbindung, die in wäßriger Lösung als negative Ionen nur OH-Ionen abspaltet.

β-Strahlen: Beschleunigte negative Elementarteilchen (Elektronen).

Bildungswärme (BW): Die Wärmetönung, die bei der Bildung einer Verbindung aus ihren Elementen in Erscheinung tritt, bezogen auf 1 Mol.

Biologie: Die Lehre von den Lebensvorgängen.

Chemie: Die Lehre vom Stoff. Sie umfaßt alle Erscheinungen, bei denen sich die Zusammensetzung der Stoffe verändert.

Chemisches Gleichgewicht ist dann vorhanden, wenn die Geschwindigkeiten von Bildung und Zerfall aller Reaktionsteilnehmer einander gleich groß sind.

Chemische Verbindungen: Solche Stoffverbände mit konstanter Zusammensetzung, die innerhalb bestimmter Temperatur- und Druckintervalle ihre Zusammensetzung nicht ändern.

Coulomb: Einheit für die Strommenge. 1 Amp. · 1 Sekunde. 3600 Coulomb = 1 Amperestunde.

Depolymerisation: Die Aufspaltung hochpolymerer Verbindungen in einfache gleichartige Moleküle.

Dialyse: Verfahren zur Trennung von Kolloiden und gelösten Stoffen durch Diffusion durch Trennwände bestimmter Porengröße.

Dielektrizitätskonstante: Zahl, die angibt, wievielmal größer die Kapazität eines Kondensators ist, wenn statt Luft der fragliche Stoff in gleicher Schichtdicke als Isolator benutzt wird.

Dipole: Verbindungen, bei denen der Schwerpunkt der Masse nicht mit dem Schwerpunkt der elektrischen Ladungen zusammenfällt.

Disproportionierung: Zerlegung einer Verbindung in ungleiche Bruchstücke. In der anorganischen Chemie versteht man darunter speziell den Zerfall einer Verbindung unter gleichzeitiger Aufteilung der Wertigkeit (z. B. $3\ Re^{VI} \longrightarrow 2\ Re^{VII} + 1\ Re^{IV}$).

Dissoziation: Die elektrolytische oder thermische Spaltung einer Verbindung (bei Gleichgewichtsreaktionen in der Gasphase oder in Lösungen).

Doppelsalz: Chemische Verbindung, die im kristallisierten Zustand aus zwei Salzen besteht, in wäßriger Lösung dagegen in seine Komponenten zerfällt. Doppelsalze verfügen über eine eigene Kristallform.

Doppelter Umsatz: Die Umlagerung zweier Verbindungen zu zwei neuen (z. B. $NaCl + AgNO_3 = AgCl + NaNO_3$).

Elektroden: Die Pole eines galvanischen Elements oder einer Elektrolysenzelle.

Elektrolyse: Die Zersetzung chemischer Verbindungen durch den elektrischen Strom.

Elektrolyt: Die Flüssigkeit in einem galvanischen Element oder in einer Elektrolysenzelle.

Elektromotorische Kraft (EMK): Die Spannung, die ein Element gegen seine „normale" Lösung erzeugt.

Elektronen: Die Elementarteilchen der negativen Elektrizität. Im Atom bilden sie die um den Atomkern kreisenden elektrisch negativ geladenen Partikel.

Element: z. chemisches: Ein Stoff, der durch kein chemisches Verfahren in ungleichartige Bestandteile zerlegt werden kann. Ein Element ist ein Stoff, dessen sämtliche

Atome die gleiche Kernladung haben. 2. galvanisches:
Eine Vorrichtung, durch die die bei einer chemischen
Reaktion frei werdende Energie als elektrische Energie
gewinnbar ist.

Endotherme Reaktion: Wenn bei einer Reaktion Wärme
verbraucht (gebunden) wird, ist ihr Verlauf endotherm.

Energie: Die Fähigkeit, Arbeit zu leisten.

Ester: Verbindung aus Säure und Alkohol, die sich unter
Abspaltung von Wasser bildet.

Exotherme Reaktion: Wenn bei einer Reaktion Wärme
auftritt, ist ihr Verlauf exotherm.

γ-Strahlen: Elektromagnetische Schwingungen mit der
Wellenlänge von ungefähr 10^{-10} cm.

Gitter: Eine stabile und gesetzmäßige Anordnung der Atome
bzw. Ionen bei Stoffen im festen Zustand.

Gleichgewicht: s. chemisches Gleichgewicht.

Grammatom: Soviel Gramm eines Elements, wie sein Atomgewicht angibt.

Häufigkeit: Das mengenmäßige Vorkommen der Elemente,
nach der Anzahl der Atome gerechnet.

Hydrolyse: Der Vorgang, daß sich die Ionen des Wassers
bei der Lösung eines Stoffes in Wasser beteiligen, indem
sie sich mit dessen Ionen verbinden.

Hydroxyd s. Base.

Indikator: Hilfsstoff, der bei der Titration die Beendigung
des Umsatzes anzeigt (z. B. durch Farbänderung).

Ionen: Elektrisch positiv oder negativ aufgeladene Atome
oder Atomgruppen.

Isomorphe Stoffe: Stoffe, die trotz verschiedener chemischer Zusammensetzung im gleichen Gittertyp mit nahezu
gleichen Gitterdimensionen kristallisieren.

Isotope: Elemente, die die gleiche Anzahl Positronen und
Elektronen, demnach auch die gleiche Ordnungszahl im
Periodischen System haben, aber eine unterschiedliche
Anzahl Neutronen besitzen. Isotope unterscheiden sich
also nur durch ihre Masse.

Joule (Wattsekunde): Einheit für die elektrische Arbeit.
1 Volt · 1 Amp. · 1 Sek.

Kalorie: Kleine Kalorie (cal) ist die Wärmemenge, die erforderlich ist, um 1 g Wasser von 14,5 auf 15,5°C zu erwärmen. Große Kalorie (Cal oder kcal) ist die Wärmemenge, die zur Erwärmung von 1 kg Wasser von 14,5 auf 15,5°C erforderlich ist.

Kalorimeter: Apparat zur Messung von Wärmetönungen.

Katalysator: Ein Stoff, der durch seine Gegenwart die Einstellungsgeschwindigkeit eines chemischen Gleichgewichts beeinflußt.

Katalyse: Die Beeinflussung der Geschwindigkeit der Gleichgewichtseinstellung durch Fremdstoffe.

Kathode: Der negative Pol eines galvanischen Elements oder einer Elektrolysenzelle.

Kathodenstrahlen: Strom negativer Elektrizitätsteilchen (Elektronenstrom).

Kernladungszahl: Die Anzahl der Protonen im Kern eines Atoms. Die Kernladungszahl ist identisch mit der Ordnungszahl der Elemente im Periodischen System.

Kettenreaktion: Eine Reaktion, bei der neben dem Endprodukt gleichzeitig angeregte Atome oder Molekeln auftreten, die ihrerseits den Umsatz weiterer Moleküle bewirken, wobei wieder angeregte Atome oder Molekeln entstehen.

Kinetik: Das Teilgebiet der Chemie, das sich mit der Reaktionsgeschwindigkeit befaßt.

Kolloid: Zweiphasiges Gebilde, bei dem eine Phase in der anderen sehr fein verteilt ist.

Kondensation: 1. chemische: Die Zusammenlagerung gleichartiger oder verschiedenartiger Verbindungen zu höhermolekularen Verbindungen unter Austritt von Wasser oder anderen gesättigten Molekülen. 2. physikalische: Die Überführung eines gasförmigen Stoffes in den flüssigen oder festen Aggregatzustand.

Konduktometrische Titration: Titration, bei der als Indikator die Änderung der elektrischen Leitfähigkeit benutzt wird.

Kontaktgifte: Stoffe, die die Wirksamkeit eines Katalysators aufheben.

Kontaktkatalysatoren: Stoffe, die durch die adsorbierenden Kräfte ihrer Oberfläche die Geschwindigkeit der Gleichgewichtseinstellung eines Systems beeinflussen.

Konzentration: Die Anzahl Gramm oder Mole eines Stoffes pro Volumeneinheit.

Lauge s. Base.

Loschmidtsche Zahl: Anzahl der Atome im Grammatom. $6{,}023 \cdot 10^{23}$.

Magnetochemie: Das Teilgebiet der Chemie, das sich mit den Zusammenhängen von magnetischen Eigenschaften und chemischer Konstitution der Materie befaßt.

Magneton: Einheit für das magnetische Bahnmoment.

Materie: Was Ausdehnung, Gewicht und Trägheit besitzt, ist Materie.

Metalle: Elemente, die die sogenannten metallischen Eigenschaften (Undurchsichtigkeit, Glanz, gute elektrische und kalorische Leitfähigkeit, einatomige Struktur, gegenseitige Mischbarkeit usw.) besitzen.

Metalloide (Nichtmetalle): Elemente, die nicht im metallischen Zustande vorkommen.

Modifikation s. allotrope Modifikationen.

Mol: Soviel Gramm eines Stoffes, wie sein Molekulargewicht angibt.

Molekül (Molekel): Der kleinste, im gasförmigen Zustand oder in Lösung frei bewegliche Masseteil eines Stoffes (Verbindung oder Element).

Molekulargewicht (Molgewicht): Summe der Atomgewichte. Das Molekulargewicht ist gleich der Gasdichte eines Stoffes bezogen auf Sauerstoff gleich $16{,}0000$ oder Wasserstoff gleich $2{,}0162$.

Molvolumen: Das Volumen, das 1 Mol eines Stoffes bei 0^0 und 760 mm Hg als Gas einnimmt. $22{,}415$ l.

Moseleysches Gesetz: Die Abhängigkeit der Ordnungszahl eines Elements von der Schwingungszahl. $\sqrt{\mu} = c(N-a)$.

Neutralisation: Die Vereinigung von Säure und Base zu einem Salz.

Neutronen: Die elektrisch ungeladenen Masseteilchen des Atomkerns. 1 Neutron $+$ 1 Positron $=$ 1 Proton.

Nichtmetalle s. Metalloide.

Normale Lösung: 1 Grammäquivalent einer Substanz pro Liter Lösungsmittel.

Normalpotential: Spannung (EMK), die ein Element gegen seine „normale" Lösung erzeugt.

Ohm: Einheit für den elektrischen Widerstand. Der Widerstand, den eine Quecksilbersäule von 106,3 cm Länge auf 1 mm² Querschnitt bei 0° C dem elektrischen Strom entgegensetzt.

Ordnungszahl: Die „Platznummer" eines Elements im Periodischen System. Die Ordnungszahl ist identisch mit der Kernladungszahl.

Organische Chemie: Die Chemie der Kohlenstoff-Wasserstoff-Verbindungen.

Oxydation: Die Aufnahme von Sauerstoff oder die Entfernung von Wasserstoff. Verallgemeinert: Die Erhöhung der Wertigkeit eines Elements in einer Verbindung.

Permeabilität (μ): Feldstärke in der Substanz dividiert durch die Feldstärke im Vakuum.

Periodisches System: Die tabellarische Anordnung der chemischen Elemente nach ihrer Kernladungszahl. Maßgebend für die Gruppierung ist die Zahl der Außenelektronen.

Phase: Räumlich abgegrenztes Gebilde, innerhalb dessen sich die Eigenschaften der Materie nicht sprunghaft ändern.

Physik: Die Lehre am Stoff. Sie umfaßt alle Erscheinungen, bei denen die Zusammensetzung des Stoffes unverändert bleibt, z. B. die Energien in ihren verschiedenen Erscheinungsformen und deren gegenseitige Umwandlung.

Polymerisation: Die Zusammenlagerung von einfachen gleichartigen Molekülen zu höhermolekularen.

Positronen: Die Elementarteilchen der positiven Elektrizität. Im Atom bilden sie die masselosen elektrisch positiv geladenen Elementarteilchen des Atomkerns.

Potentiometrische Titration: Titration, die auf Messung der Änderung der EMK fußt.

Protonen: Die elektrisch positiv geladenen Elementarteilchen des Atomkerns. 1 Proton besteht aus 1 Positron + 1 Neutron.

Quantenausbeute: Anzahl reagierender Molekeln dividiert durch Anzahl eingestrahlter Lichtquanten.

Radikal: Molekülgruppen (z. B. CH_3^-, $C_2H_5^-$, NH_2^-), die in der Regel nicht frei existieren, sondern an andere Atome gebunden sind.

Radioaktivität: Der freiwillig vor sich gehende Atomzerfall.

Reaktionsgeschwindigkeit: Die in der Zeiteinheit umgesetzte Stoffmenge.

Reaktionswärme: Die bei einer Reaktion auftretende Wärmetönung, bezogen auf molare Verhältnisse.

Reduktion: Die Entfernung von Sauerstoff oder die Aufnahme von Wasserstoff. Verallgemeinert: Die Verminderung der Wertigkeit eines Elements in einer Verbindung.

Röntgenstrahlen: Elektromagnetische Schwingungen mit einer Wellenlänge von 10 bis 0,01 millionstel Millimeter.

Säure: Chemische Verbindung, die in wäßriger Lösung als positive Ionen nur H-Ionen abspaltet.

Salz: Chemische Verbindung, die durch Vereinigung von Säure und Base entsteht, meist unter gleichzeitiger Wasserabspaltung.

Schmelzpunkt: Die Temperatur, bei der feste und flüssige Phase eines Stoffes im Gleichgewicht stehen.

Semipermeable Wände: Trennwände mit bestimmter Porengröße. Durch diese lassen sich Gemische von Stoffen verschiedener Molekülgröße durch Diffusion trennen.

Sensibilisator: Ein an der photochemischen Umsetzung nicht beteiligter Stoff, der die Lichtenergie aufnimmt und dadurch den photochemischen Prozeß einleitet.

Siedepunkt: Die Temperatur, bei der der Dampfdruck des Stoffes 1 Atm. (760 mm Hg) erreicht.

Spannungsreihe: Die Anordnung der Elemente nach ihrem Normalpotential.

Stabilisatoren: Negative Katalysatoren. Sie hemmen die Geschwindigkeit der Gleichgewichtseinstellung.

Stöchiometrisches Verhältnis: Gewichtsverhältnis zweier Stoffe entsprechend den aus der Reaktionsgleichung hervorgehenden Atom- bzw. Molekülverhältnissen.

Suszeptibilität ($\varkappa$): Spezifische Magnetisierung (pro Volumeneinheit) dividiert durch die Feldstärke im Vakuum.

Synthese: Der Aufbau chemischer Verbindungen aus ihren Elementen.

Tension (Dampfspannung): Der Gasdruck, den ein Stoff bei bestimmter Temperatur besitzt.

Tensionsanalyse: Untersuchung eines Systems durch Verfolgung des Dissoziationsdruckes (isothermer und isobarer Abbau).

Thermische Analyse: Untersuchung eines Systems durch Aufnahme der Erstarrungskurven und Zusammenstellung der einzelnen Daten zum Zustandsdiagramm.

Titration: Quantitative Analysenmethode, bei der die gewünschte Reaktion mittels einer gemessenen Menge eines Reagens von genau bekanntem Gehalt durchgeführt wird und aus der verbrauchten Menge die Menge des fraglichen Körpers berechnet wird.

Tyndall-Effekt: Die Abbeugung von Lichtstrahlen beim Durchtritt durch kolloidale Lösungen.

Überträger: Ein Stoff, der bei einer Reaktion chemisch als Zwischenglied eingreift, dann wieder austritt, so daß er nicht im Endprodukt erscheint (= chemisch wirkender Katalysator).

Valenz s. Wertigkeit.

Valenzelektronen: Die in der äußersten Kugelschale eines Atoms befindlichen Elektronen.

Veresterung: Die Umsetzung einer Säure mit einem Alkohol zu einem Ester unter Wasserabspaltung.

Verseifung: Ein Spezialfall der Hydrolyse: Die Spaltung eines Esters mittels Wassers in Säure und Alkohol.

Volt: Einheit für die Spannung. Ein Volt ist die Spannung, die $^1/_{300}$ Ladungseinheit auf einer Kugel von 1 cm Radius hervorbringt.

Van der Waalssche Kräfte: Bindungskräfte, die durch die Massenanziehung bedingt sind.

Wertigkeit: Die Anzahl Wasserstoffatome oder anderer gleichwertiger Atome, die ein Atom des betreffenden Elements binden kann.

Anmerkungen.

I. Hauptteil:

[1]) Röntgenstrahlen sind elektromagnetische Schwingungen wie die Lichtstrahlen. Sie unterscheiden sich vom Licht durch wesentlich kürzere Wellenlängen. Während die Wellenlängen des Lichts 400- bis 800-millionstel Millimeter betragen, zählen die der Röntgenstrahlen nur 10- bis 0,01-millionstel Millimeter.

II. Hauptteil:

[1]) Unter dem osmotischen Druck versteht man folgende Erscheinung: Die Moleküle einer gelösten Substanz bewegen sich im Lösungsmittel umher, ähnlich wie die Moleküle eines Gases im freien Raum, und vermöge dieser Bewegung üben sie einen Druck auf die Umgebung aus. Dieser treibt die gelösten Moleküle von Stellen höherer Konzentration zu solchen geringerer. Den osmotischen Druck kann man durch folgendes Experiment demonstrieren: Trennt man durch eine halbdurchlässige Wand (d. i. eine Scheidewand, deren Poren so klein sind, daß zwar die Moleküle des Lösungsmittels, nicht aber die der gelösten Substanz hindurchtreten können), einen Behälter mit einer Lösung von einem Lösungsmittel, so steigt der Druck in dem Behälter langsam bis zu einem konstanten Wert an. Dies ist so zu erklären, daß die in der Lösung befindlichen Moleküle der Substanz in ihrem Bestreben, sich gleichmäßig in dem Lösungsmittel zu verteilen, durch die halbdurchlässige Scheidewand hindurch Lösungsmittel anziehen. Der Erfolg davon ist, daß in dem Behälter infolge der zunehmenden Menge Lösungsmittel der Druck ansteigt.

[2]) Unter dem Schmelzpunkt versteht man die Temperatur, bei der feste und flüssige Phase eines Stoffes im Gleichgewicht stehen.

³) Unter Tension (Spannung) versteht der Chemiker den Gasdruck, den ein Stoff bei bestimmter Temperatur besitzt.

⁴) Der Punkt in der chemischen Formel bedeutet „mit“, nicht wie in der Mathematik „mal“. Durch den Punkt deutet man an, daß zwei Moleküle chemisch gebunden sind. Im Gegensatz hierzu wird ein Gemisch stets durch das Pluszeichen gekennzeichnet. Man bedient sich des Punktes nur bei Formeln, die in der summarischen Form den Aufbau des Moleküls schwer erkennen lassen würden.

III. Hauptteil:

¹) Unter einer Phase versteht man ein räumlich abgegrenztes Gebilde, innerhalb dessen sich die Eigenschaften der Materie nicht sprunghaft ändern. Die Begriffe Phase und Aggregatzustand sind nicht identisch. Es gibt bekanntlich drei Aggregatzustände, fest, flüssig, gasförmig; wohl aber existieren mehr Phasen. Ein Gemisch von Benzol und Wasser gehört z. B. dem flüssigen Aggregatzustand an, besteht aber aus zwei Phasen (Benzol und Wasser). An der Phasengrenze ändern sich die physikalischen und chemischen Eigenschaften sprunghaft. Im festen Zustand sind ebenfalls zwei und mehr Phasen möglich. Nur im Gaszustand gibt es keine Phasen. Das Gas ist immer homogen, einphasig.

²) Der historische Ausdruck „Prinzip vom kleinsten Zwange“ trifft den Sinn der Sache nicht recht; es müßte besser heißen: „Gesetz von der Nachgiebigkeit“.

³) Unter der Konzentration versteht man die Anzahl Gramm oder Mole eines Stoffes pro Voulmeneinheit des Lösungsmittels.

⁴) Näheres darüber siehe im Hauptteil IV.

IV. Hauptteil:

¹) Eine kleine Kalorie (cal) ist die Wärmemenge, die erforderlich ist, um 1 g Wasser von 14,5 auf 15,5° C zu erwärmen; eine große Kalorie (Cal oder kcal) ist die Wärme-

menge, die zur Erwärmung von 1 kg Wasser von 14,5 auf
15,5° nötig ist. 1 Cal = 1000 cal.

[2]) Es seien hier einige Fachausdrücke eingefügt, die in der
Elektrochemie häufig vorkommen: Die die Pole darstellenden
Teile des Elements heißen allgemein Elektroden. Der posi-
tive führt den Namen Anode, der negative Kathode. Die
Flüssigkeit im galvanischen Element heißt Elektrolyt.

[3]) Die potentiometrische Titration ist eine Analysenmethode, bei der der Gehalt eines Stoffes durch Messung
der EMK (S. 192) während der Titration bestimmt wird. Man
benutzt also die EMK als Indikator. Die potentiometrische
Titration ist nicht zu verwechseln mit der konduktometrischen, die im letzten Abschnitt besprochen wurde.

Quellenverzeichnis der Abbildungen und Tafeln.

Tafel I, II und VII aus: Bugge, G., Das Buch der großen Chemiker, Bd. I/II, Berlin 1929: Verlag Chemie.

Tafel III „ Müller-Pouillet-Pfaundler, Lehrbuch der Physik, II. Bd., 3. Buch, Braunschweig 1909: Fr. Vieweg & Sohn.

Tafel VIII Privataufnahme.

Abb. 4. 6a, b, 39 und 40 „ Eggert, J., Lehrbuch der physikalischen Chemie, 4. Auflage, Leipzig 1937: S. Hirzel.

Abb. 5 „ Noddack J. und W., Das Rhenium, Leipzig 1933: L. Voß.

Abb. 7 „ Chemiker-Kalender 1935, Berlin: J. Springer.

Abb. 8 und 9 „ Glocker, R., Materialprüfung mit Röntgenstrahlen, Berlin 1927: J. Springer.

Abb. 10, 31 und 32 „ Eucken, A., Lehrbuch der chemischen Physik, Leipzig 1930: Akademische Verlagsgesellschaft.

Abb. 11a, b, c „ Neuburger, M. C., Röntgenographie der Metalle und ihrer Legierungen, Stuttgart 1929: F. Enke.

Abb. 12, 13 und 14 „ Landolt, H.-R. Börnstein, Tabellen, 5. Auflage, 3. Erg.-Bd., 1. Teil, Berlin 1935: J. Springer.

Abb. 23 und 24 „ Zeitschrift des Vereins Deutscher Chemiker, Teil A „Angewandte Chemie", Jg. 44, Berlin 1931: Verlag Chemie.

Abb. 43 „ do., Jg. 48.

Abb. 25, 26, 27, 28 u. 29 „ Hofmann, K. A., Anorganische Chemie, 8. Auflage, Braunschweig 1939: Fr. Vieweg & Sohn.

Abb. 30   aus: Jellinek, K., Lehrbuch der physikalischen Chemie,
                  III. Bd., 2. Auflage, Stuttgart 1930: F. Enke.
Abb. 33 und 34 ,, Roth, W. A., Thermochemie (Sammlung Gö-
                  schen, Bd. 1057), Berlin 1932: W. de Gruyter.
Abb. 35   ,, Zeitschrift für physikalische Chemie, Abt. A.,
                  Bd. 159 (1932), Leipzig: Akademische Verlags-
                  gesellschaft.
Abb. 41 und 42 ,, do., Abt. B., Bd. 12 (1931).
Abb. 36   ,, Klemm, W., Anorganische Chemie (Sammlung
                  Göschen, Bd. 37), Berlin 1938: W. de Gruyter.
Abb. 37 und 38 ,, Eucken, A., Suhrmann, R., Physikalische Prak-
                  tikumsaufgaben, Leipzig 1928: Akademische Ver-
                  lagsgesellschaft.

Sachverzeichnis.

Die Zahlen geben die Seiten an, auf denen das fragliche Wort erstmalig erwähnt wird und wo es ausführlicher erläutert ist. Die Zahlentafeln und das alphabetische Verzeichnis der Fachausdrücke sind hierbei nicht berücksichtigt.

16*

www.ingramcontent.com/pod-product-compliance
Lightning Source LLC
Chambersburg PA
CBHW050646190326
41458CB00008B/2440